Pythonで学ぶ統計学入門

橋口博樹 著

東京図書

◆本書では，Python 3.x 系および Google Colaboratory, Jupyter Notebook を使用しています．これらのプロダクトに関する問い合わせ先：

Project Jupyter

https://jupyter.org/about

Python.org:

https://www.python.org/

Google Colaboratory:

https://colab.research.google.com/notebooks/welcome.ipynb?hl=ja

◎この本で扱っているサンプルデータおよび Notebook は，東京図書 Web ページ (http://www.tokyo-tosho.co.jp) および筆者 github (https://github.com/HirokiHg/IntroStat01) からダウンロードすることができます．

まえがき

　統計学は経済系，金融系，医療系，情報系，物理系などで，データ解析の必要性から広く扱われている重要な分野である．各系で独自に発展してきた方法論がある一方で，ときには相互に融合し他分野の発展に寄与している．特にコンピュータのめざましい処理速度の向上とメモリの大容量化により，統計学が扱うデータも大規模化し，大規模データに応じた方法論の開発，特に機械学習の分野の開発に至っている．このように統計学の重要性が社会的に高まる中，初等教育機関から高等教育機関に至るまで，多くの分野で新たな教育プログラムのもとに統計学が取り入れられている．企業においてもリカレント教育のなかで統計学の学び直しが行われている．教育機関においても高校数学では，2012年度に数学Iにおいてデータ分析が必修となり，平均，分散，標準偏差などの基本的な統計量と，2変数間の関係性を見るための散布図や相関係数を学ぶようになった．同時に推測統計の分野である信頼区間の構成を高校2年生で学ぶことになり，さらに2022年度入学生からは検定論も追加され必修化された．

　このような時代背景の中，本書では統計学の入門的な内容に関して，紙とえんぴつで計算する初歩的な計算から手計算ではできないようなコンピュータを使った計算方法までを，Python を使って学習してもらおうと執筆したものである．全体を通して高校数学から大学1，2年生を対象とした記述統計の基礎と推測統計の基礎をまとめている．コンピュータで自動的に計算した数値は，どういう数式や意図で計算されたものかがわかりにくいため，その意味がわかるように標準的な統計学の関数で作り直している部分もある．また，高校数学の統計では，確率変数と実現値を明確に区別して記述されることが多いが，大学の教科書では必ずしもそうではない．たとえば平均という言葉を一つとっても，期待値，母平均，標本平均，統計量（確率変数）の平均，実際のデータから取られた平均のように，少しずつ意味合いが違う．これらを明確に区別したいところではあるが，いちいち区別してもかえって煩雑になるため，ある程度は読者の理解に委ねることになる．本書では可能な限り確率変数と実現値を区別するように配慮したが，い

きどどかなかった部分も残っている.

　本書を執筆するにあたり，編集部の松井誠さんには筆の遅い著者を辛抱強くサポートしていただきました．東京理科大学理学部第一部応用数学科4年（2023年現在）の大橋佑生さん，岩﨑拓海さんには作図からプログラムのチェックなどを手伝ってもらいました．横浜市立大学データサイエンス学部の小野（橋口）陽子准教授には原稿のチェックをしていただきました．原稿執筆にサポートいただいた上の方々に特に感謝したいと思います．現在小学生の息子と娘がもう少し大きくなった頃には，いっしょに本書で勉強できると嬉しいと思っています.

2023年9月　橋口博樹

目　次

第1章　Python 入門　　　　　　　　　　　　　　　　　　　**1**

1.1　Python ・・・　1

1.2　Google colab を使う ・・・・・・・・・・・・・・・・・・・・・・・・・・・・・・・・・・・・・　1

1.3　文字列，リストとタプル ・・・・・・・・・・・・・・・・・・・・・・・・・・・・・・・　4

1.4　繰り返し文と条件制御 ・・・・・・・・・・・・・・・・・・・・・・・・・・・・・・・・・　8

1.5　1 から 10 までの和の計算 ・・・・・・・・・・・・・・・・・・・・・・・・・・・・・・　12

　　1.5.1　関数 sum を使う ・・・・・・・・・・・・・・・・・・・・・・・・・・・・・・・・・　13

　　1.5.2　for 文を使う ・・・・・・・・・・・・・・・・・・・・・・・・・・・・・・・・・・・・・・　14

1.6　データの平均と分散の計算 ・・・・・・・・・・・・・・・・・・・・・・・・・・・・　15

　　1.6.1　平均の計算 ・・・・・・・・・・・・・・・・・・・・・・・・・・・・・・・・・・・・・・・　15

　　1.6.2　自作関数の定義 ・・・・・・・・・・・・・・・・・・・・・・・・・・・・・・・・・・・　16

　　1.6.3　分散を計算する関数の作成 ・・・・・・・・・・・・・・・・・・・・・・・・　19

1.7　numpy を使う ・・・　21

第2章　Python による記述統計の基礎　　　　　　　　　　　**25**

2.1　記述統計と推測統計 ・・・・・・・・・・・・・・・・・・・・・・・・・・・・・・・・・・・・　25

2.2　データ分析ライブラリ：pandas ・・・・・・・・・・・・・・・・・・・・・・・・　26

2.3　基本統計量の計算 ・・・・・・・・・・・・・・・・・・・・・・・・・　28

2.4　ヒストグラムの作成 ・・・・・・・・・・・・・・・・・・・・・・・・　33

2.5　箱ひげ図の作成 ・・・・・・・・・・・・・・・・・・・・・・・・・・・　38

2.6　2 グループ間の比較 ・・・・・・・・・・・・・・・・・・・・・・・・　41

2.7　2015 年出生数のデータ解析 ・・・・・・・・・・・・・・・・・・・　43

第 3 章　Python と様々な分布の計算　　　　57

3.1　確率変数と確率 ・・・・・・・・・・・・・・・・・・・・・・・・・・・　57

3.2　期待値と分散，モーメント ・・・・・・・・・・・・・・・・・・・・　58

3.3　ベルヌーイ分布と二項分布 ・・・・・・・・・・・・・・・・・・・・　60

3.4　正規分布 ・・・・・・・・・・・・・・・・・・・・・・・・・・・・・・・　66

　　3.4.1　正規乱数 ・・・・・・・・・・・・・・・・・・・・・・・・・・・　72

3.5　一様分布と一様乱数 ・・・・・・・・・・・・・・・・・・・・・・・・　76

3.6　確率変数の和の分布と中心極限定理 ・・・・・・・・・・・・・・　78

3.7　その他の離散分布 ・・・・・・・・・・・・・・・・・・・・・・・・・　85

　　3.7.1　ポアソン分布 ・・・・・・・・・・・・・・・・・・・・・・・・　85

　　3.7.2　幾何分布と負の二項分布 ・・・・・・・・・・・・・・・・・　87

　　3.7.3　二項分布のポアソン分布近似 ・・・・・・・・・・・・・・　90

3.8　正規分布に関連した連続分布 ・・・・・・・・・・・・・・・・・・　91

　　3.8.1　カイ 2 乗分布 ・・・・・・・・・・・・・・・・・・・・・・・・　92

　　3.8.2　t 分布 ・・・・・・・・・・・・・・・・・・・・・・・・・・・・　96

　　3.8.3　F 分布 ・・・・・・・・・・・・・・・・・・・・・・・・・・・　101

3.9　その他の連続分布 ・・・・・・・・・・・・・・・・・・・・・・・・・　105

　　3.9.1　ガンマ分布 ・・・・・・・・・・・・・・・・・・・・・・・・・　105

　　3.9.2　ベータ分布 ・・・・・・・・・・・・・・・・・・・・・・・・・　113

第4章　Python による推測統計の基礎　　115

4.1　母集団からの標本抽出と統計量 ・・・・・・・・・・・・・・・・・・・・・・・115

4.2　点推定と区間推定 ・・・・・・・・・・・・・・・・・・・・・・・・・・・・・118

4.3　母比率の区間推定 ・・・・・・・・・・・・・・・・・・・・・・・・・・・・・119

4.4　正規母集団下での母平均 μ の信頼区間の構成 ・・・・・・・・・・・・・126

4.5　信頼区間を構成するシミュレーションプログラム ・・・・・・・・・・・133

　　4.5.1　母分散 σ^2 が既知の場合 ・・・・・・・・・・・・・・・・・・・133

　　4.5.2　母分散 σ^2 が未知の場合 ・・・・・・・・・・・・・・・・・・・137

4.6　仮説検定 ・・・・・・・・・・・・・・・・・・・・・・・・・・・・・・・・144

4.7　母比率の検定 ・・・・・・・・・・・・・・・・・・・・・・・・・・・・・・147

4.8　母平均の検定：1 標本問題 ・・・・・・・・・・・・・・・・・・・・・・・151

4.9　母平均の検定：2 標本問題 ・・・・・・・・・・・・・・・・・・・・・・・156

4.10　第 1 種の過誤と第 2 種の過誤 ・・・・・・・・・・・・・・・・・・・・・160

4.11　その他の検定 ・・・・・・・・・・・・・・・・・・・・・・・・・・・・・165

　　4.11.1　分布の適合度検定 ・・・・・・・・・・・・・・・・・・・・・・・165

　　4.11.2　分割表に関する検定 ・・・・・・・・・・・・・・・・・・・・・・171

　　4.11.3　母相関係数が無相関かどうかの検定 ・・・・・・・・・・・・・・174

第5章　回帰分析　　177

5.1　単回帰分析 ・・・・・・・・・・・・・・・・・・・・・・・・・・・・・・・177

　　5.1.1　決定係数 ・・・・・・・・・・・・・・・・・・・・・・・・・・・・186

5.2　回帰係数の統計的推測 ・・・・・・・・・・・・・・・・・・・・・・・・・190

5.3　重回帰分析 ・・・・・・・・・・・・・・・・・・・・・・・・・・・・・・・197

5.4　重回帰分析とモデル選択 ・・・・・・・・・・・・・・・・・・・・・・・・199

第6章　多次元データの解析　　205

6.1　sklearn の手書き数字 ・・・・・・・・・・・・・・・・・・・・・・・・・205

6.2 主成分分析 ・・・・・・・・・・・・・・・・・・・・・・・・・・・・・・ 213

   6.2.1 手書き数字の平均画像の主成分分析 ・・・・・・・・・・・・ 220

   6.2.2 2次元の平均画像データに k-means 法を適用 ・・・・・・・ 224

6.3 多次元尺度構成法 ・・・・・・・・・・・・・・・・・・・・・・・・・・ 225

   6.3.1 多次元尺度構成法を手書き数字の平均画像へ適用 ・・・・・・・ 228

6.4 階層的クラスタリング ・・・・・・・・・・・・・・・・・・・・・・・・ 230

付録 A　各章の補足   237

A.1 3章に関する補足 ・・・・・・・・・・・・・・・・・・・・・・・・・・ 237

   A.1.1 t 分布の標準正規分布での近似 ・・・・・・・・・・・・・ 237

   A.1.2 分布の再生成 ・・・・・・・・・・・・・・・・・・・・・・ 238

A.2 4章に関する補足 ・・・・・・・・・・・・・・・・・・・・・・・・・・ 238

   A.2.1 図 4.2 の作図プログラム ・・・・・・・・・・・・・・・・ 238

   A.2.2 図 4.3 の作図プログラム ・・・・・・・・・・・・・・・・ 240

   A.2.3 図 4.6, 4.7 の作図プログラム ・・・・・・・・・・・・・・ 241

   A.2.4 図 4.8 の作図プログラム ・・・・・・・・・・・・・・・・ 243

A.3 5章に関する補足 ・・・・・・・・・・・・・・・・・・・・・・・・・・ 245

   A.3.1 スカラー関数のベクトル微分 ・・・・・・・・・・・・・・・ 245

   A.3.2 重回帰分析での最小二乗法 ・・・・・・・・・・・・・・・・ 246

参考文献   249

索　引   251

第1章 Python 入門

この章では，Python の基礎であるリスト，タプル，制御文，文字列，関数の作り方について説明する．統計学で扱う平均や分散を例にとって，これらの使い方をマスターする．

1.1 Python

Python は科学技術計算，データ分析，グラフでの可視化から web 上からデータの抽出（web スクレイピング），高度な機械学習の計算に至るまで，幅広く利用できるプログラム言語である．科学技術計算の numpy や scipy，グラフの作図の matplotlib，データ分析の pandas は，標準的なライブラリである．本書では主にこれらのライブラリーを使っていく．

1.2 Google colab を使う

Python を手持ちのパソコン等で動かすためには，Python が動作できる環境をパソコンに構築する必要がある．jupyter notebook や spyder は python が動作できる環境の一つであるが，パソコンにインストールしなければならない．web 上の検索機能で，

「Jupyter Notebook インストール」などと入力すれば，インストールの手順がわかり，たいていはファイルのダウンロードとダブルクリックでインストールが完了する（と思われる）．しかし，バージョン管理等のメンテナンスが必要である．

一方，Google が web 上で提供する Colaboratory（略称：Colab）では，ブラウザ上で Python を実行できて，自分のパソコンに Python 環境をインストールする必要がなくバージョンの管理などもする必要がないというメリットがある．GPU に料金なしでアクセスが可能であり，作成した python プログラムを簡単に共有することもできる．本書では Colab で python を実行することを前提にコード作成等を進める．Colab をインストールするには，Google アカウントを作る必要がある．Google アカウントの取得と Colab をインストールのインストール方法は，google の検索機能で

Google Colaboratory インストール

と入力して，検索で表示されたサイトから手順にしたがってインストールすればよい．2023 年 8 月現在では，だいたい以下の手順で Colab のインストールとそれ上での python のコード実行ができる．

- ノートブックの新規作成
  1. 自分の Google アカウントにログインする．アカウントを持っていない場合は https://support.google.com/accounts/answer/27441?hl=ja のページから Google アカウントを作成し，ログインする．
  2. https://colab.research.google.com/?hl=ja のページにアクセスする．
  3. ページ上部に表示されているメニューバーから「ファイル → ノートブックを新規作成」を選択すると，新しいタブに新規のノートブックが表示される．
  4. 作成されたノートブックにはデフォルトで Untitled.ipynb と名前がつけられている．ノートブックの名前はページ左上に表示されている．そこをク

リックすれば名前を変更できる．または，ページ上部のメニューバー「ファイル → 名前の変更」からも名前を変更できる．

- コードの実行とファイルの保存

  1. 実行したいコードをコードセルに入力する．入力スペース上部の「＋コード」を選択するとコードセルを追加することができる．また，セルを選択状態でセル右部に表示されるゴミ箱マークを選択すると，セルを削除することができる．

  2. セルの左部にある「▷」マークを押すとコードを実行することができる．または，実行したいセルを選択状態にして「Shift キー ＋ Enter キー」や「Ctrl キー ＋ Enter キー」でもコードの実行ができる．

  3. 実行中のコードセルは左部の「▷」マークが「□」マークになる．「□」マークを押すと，コードの実行を中断することができる．

  4. ページ上部のメニューバー「ファイル → 保存」でノートブックを保存することができる．または「Ctrl キー ＋ s」でも保存することができる．

- 作成されたノートブックへのアクセス

  新規作成したノートブックは，Google ドライブの Colab Notebooks という名前のファイルに追加されるされる．拡張子は.ipynbである．作成したノートブックには https://drive.google.com/drive/my-drive?hl=ja のページ左部のメニューバー「マイドライブ → Colab Notebooks → アクセスしたいファイル」からアクセスすることができる．

図 1.1 では，Untitled.ipynb の Untitled の部分を py01 に変更し，1+1 を入力後に ▷ のボタンを押した結果を示している．結果は 2 である．本書では，図 1.1 のように表示する代わりに，四角で囲って

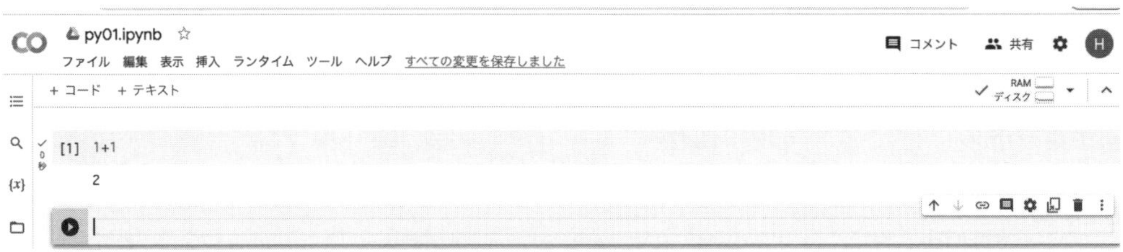

図1.1 Colab の実行画面

```
1  1+1
2  >> 2
```

のように簡潔に書くことにする．上の>>は出力用に本書独自に用意した記号である．

1.3 文字列，リストとタプル

Pythonでの文字列の扱い方についてまず説明する．文字列はシングルコーテーションで囲む(`abcd')か，もしくはダブルコーテーションで囲むか ("abcd") のどちらかを使う．一度，設定すると文字列を変更することはできない．

```
1  #文字列
2  s1 = 'abcde'
3  #s1 = "abcd" でもよい
4
5  s1 #ここで Shift キーとエンターキーを同時に押す
6  >> 'abcde'
```

```
 7
 8  len(s1)   #文字列の文字数を調べる
 9  >> 5
```

文字数は len(lenght: 長さ) で調べることができる．次に文字列にはいくつかの関数が用意されていて，replace という関数で"bc"を"xx" で置き換えてみる．

```
10  s2 = s1.replace('bc','xx')
11
12  s2
13  >> 'axxde'
14
15  s1
16  >> 'abcde'
```

ここで，注意して欲しいことは，s2 = s1.replace('bc','xx') では，s1 の bc 部分を xx に換えた文字列 axxde を s2 に代入するので，s2 は axxde となっているのに対して，s1 はもとのままの abcde であるということである．

　Python の基本的なデータ構造にリストとタプルがある．リストは要素の追加，削除，書き換えが可能だが，タプルは一度作成すると文字列と同様に変更できない．

```
 1  # リストは角カッコ [] でつくる
 2  L1 = [1,2,3,4,5,6,7,8,9]
```

上の L1 の要素の参照は 0 番から始まることに注意して欲しい，つまり，L1[0]=1 である．

```
3   # 0番から開始して 3 番目（1 から始めると 4 番目）の L1 の要素は?
4   L1[3]
```

L1[3]=4 で 4 が出力される.

```
5   # リスト L1 の末尾に 10 を挿入する
6   L1.append(10)
7   print(L1)
8   >> [1, 2, 3, 4, 5, 6, 7, 8, 9, 10]
```

　文字列から部分文字列を取り出すことをスライシング，あるいは，スライスという．[start:end] あるいは [start:end:step] をリストにつけてスライスする．Python の共通のルールとして [start:end] の場合，要素の番号 start は含まれるが，end は含まれない．末尾の要素 end より一つ前の end-1 までが抽出される.

- [:] は，先頭から末尾までのリスト全体を表示する.
- [start:] 0 番から開始して start 番目のリストの要素から末尾の要素を抽出する.
- [start:end] 0 番から開始して start 番目のリストの end-1 までの要素を抽出する.
- [start:end:step] 上の [start:end] の中で, start 番目のリストから step 数ごとに抽出する.

```
9    # L1 におなじ
10   L1[:]
11   >> [1, 2, 3, 4, 5, 6, 7, 8, 9, 10]
```

```
12  # 0番開始の 3 番目（4 つ目）から 7 番目（8 つ目）を抽出
13  L1[3:8]
14  >> [4, 5, 6, 7, 8]
15  # 0番開始の 1 番目から 2 つ目ずつ抽出．末尾までの場合は end の部分は書かない
16  # step=2 だと 1 つおきに抽出
17  L1[1::2]
18  >> [2, 4, 6, 8, 10]
```

さらに，-1，-2 など末尾を-1 として，末尾から先頭に向かう逆順を扱うこともできる．

```
19  L1[-3:]
20  >> [8, 9, 10]
21
22  #L1[-3:-1] だと，-3 番目は含まれ，-1 (最後) は含まれない
23  L1[-3:-1]
24  >> [8, 9]
```

次に T1 を (1,2,3) のタプルとして定義する．タプルは要素を変更することができないため，抽出はリストと同様にできるが，追加や削除はできない．

```
1  # タプルを作る
2  T1 = (1,2,3)
3
4  T1[2]
5  >> 3
```

```
 6
 7   # 次はエラーとなる.
 8   T1.append(4)
 9   >> AttributeError: 'tuple' object has no attribute 'append'
```

　　タブルは append の属性（メソッド）を持たないとのエラーが表示される.

```
10   # list 関数でタブルをリストに変換できる.
11   L2 = list(T1)
12   >> [1, 2, 3]
13
14   # リストに変換すると要素の追加ができる
15   L2.append(4)
16   print(L2)
17   >> [1, 2, 3, 4]
```

　　一方，リストは要素を変更することができるため追加 (append) ができる.

1.4　繰り返し文と条件制御 ┈┈┈┈┈┈┈┈┈┈┈┈┈┈┈┈┈┈>

　　繰り返し処理を行いたいときには, for 文を使うことが一般的である．Python では

1. シークセンス（リスト，タブル）の要素を for 文のカウンタとして直接使う
2. リストでループのカウンタが必要なときは enumerate を使う
3. 複数のイテレータを zip でまとめて使うことができる

といった特徴がある.

　Python には range(start:end) という関数があり，start から指定された
end-1 のタプルを作ることができる．ここでも「start は含み，end は含まず」の
ルールが適用されている．また，start は省略されて range(end) の場合には，0
から end-1 までのタプル (0,1,..., end-1) と同じものを表すが，出力形式は
range(0,end) である.

```
#1. for 文の基本
for i in range(5):
    print(i)
>>
0
1
2
3
4

range(5)
>> range(0, 5)  #range(5) の出力のときに最初の 0 が入る
```

```
#シークセンス（リスト，タブル）の要素を for 文で直接使う
s = ['a','b','c','d']
for e in s:
    print(e)
>>
a
```

```
19  b
20  c
21  d
```

```
22  # リストでループのカウンタが必要なときは enumerate を使う
23  for i, e in enumerate(s):
24      print('{}番目の要素は{}です'.format(i,e))
25  >>
26  0番目の要素はaです
27  1番目の要素はbです
28  2番目の要素はcです
29  3番目の要素はdです
```

```
30  # 複数のイテレータを zip でまとめて使うことができる 1
31  s1 = ['e','f','g','h']
32  for e1, e2 in zip(s,s1):
33      print(' sの要素:{},  s1の要素:{}'.format(e1,e2))
34  >>
35   sの要素:a,  s1の要素:e
36   sの要素:b,  s1の要素:f
37   sの要素:c,  s1の要素:g
38   sの要素:d,  s1の要素:h
```

```
39  # 複数のイテレータを zip でまとめて使うことができる 2
40  s1 = ['e','f','g','h']
41  for i, e1, e2 in zip(range(len(s)),s,s1):
```

```
42    print('{}番目のsの要素:{},  s1の要素:{}'.format(i,e1,e2))
43  >>
44  0番目のsの要素:a,  s1の要素:e
45  1番目のsの要素:b,  s1の要素:f
46  2番目のsの要素:c,  s1の要素:g
47  3番目のsの要素:d,  s1の要素:h
```

if文を使った制御文を説明する．a==bはaの値とbの値が等しいかどうか判定し，等しければTrueを返し，等しくなければFalseを返す．

```
1   a = 3
2   b = 3
3
4   a == b
5   >> True
6
7   4 == 3
8   >> False
9
10  4 != 3
11  >> True
```

あまり使われないが，値を直接 4 == 3 のように書いても判定は行われる．==とは逆にa != bはaとbの値が異なるときにTrueを返し，等しいときにFalseを返す．このような条件判定はif文で次のように用いられる．次の演算子 % を使ったb%2は，bを2で割った余り（0か1）を返す．

```
12  if(b%2==0): #条件判定が True の時の操作
13      print(b,"は偶数です")
14  else: #条件判定が False の時の操作
15      print(b,"は奇数です")
16  >>  3  は奇数です
17
18  if(a%2==0):
19      print(a,"は偶数です")
20  else:
21      print(a,"は奇数です")
22  >>  3  は偶数です
```

1.5　1から10までの和の計算

1から10までの和は55であるが，この計算を例として，いくつかの方法で55を計算してみる．最も簡単なやり方は1から10までのリストまたはタプルを用意して，組み込み関数のsumで計算することである．リストを作る場合にはPython特有の内包的表現を利用するととても便利である．

Pythonの作法としては，タプルを計算に使うのは避けたいのでリストに変換する方がよい．関数 list で変換を行う．

```
23  # (0,1,...10) のタプルをつくる
24  T2 = range(11)
25  print(T2)
26  >> range(0, 11)
27
28  # (1,...10) のタプルを作る
29  T2 = range(1, 11)
30  print(T2)
31  >> range(1, 11)
32
33  # (1,...10) のタプルをリストに変換する
34  L3 = list(range(1, 11))
35  print(L3)
36  >> [1, 2, 3, 4, 5, 6, 7, 8, 9, 10]
37
38  # sum で和をとる
39  sum(L3)
40  >> 55
41
42  # ついでに 1 から 10 までの平均は sum(L3) を len(L3)=10 で割ればよい
```

```
43  sum(L3)/len(L3)
44  >> 5.5
```

1.5.2 for 文を使う

繰り返し文の定番は for 文での繰り返し範囲に range を使うやり方である.

```
1  s=0
2  for i in range(1,11):
3    s = s + i
4  print(s)
5  >> 55
```

2 行目と 4 行目をみると, for と print の先頭が揃っているので, for 文は 3 行目の
s = s + i を繰り返して for 文が終わった段階での s の値を print(s) で表示する.
したがって, print(s) での表示は 55 となる. 一方, 次のように print の位置を s に
揃えるとどうなるか.

```
6   s=0
7   for i in range(1,11):
8     s = s + i
9     print(s)
10  >> 1
11  3
```

14　第 1 章　Python 入門

```
12  6
13  10
14  15
15  21
16  28
17  36
18  45
19  55
```

`print(s)` が for 文の中に入るので, 1,1+2=3,3+3=6,...,45+10=55 の全ての足し算の途中結果を表示することになる. このように, Python では, 空白行を入れるか入れないかで制御が変わることに注意する必要がある. なお, `s = s + i` は右辺の s の値に i の値を足して, その結果を再度 s に代入するという意味である. 単純に `s += i` と書くことが多い.

1.6 データの平均と分散の計算

1.6.1 平均の計算

d01=[1.5, 2.3, 2.2, 4.0] の平均を求める手続きを sum, もしくは, for 文を利用して作成する. d0 の要素数は 4, 要素の和は 10 なので平均は 2.5 である.

- `sum(d01)` で d01 の要素の和をとって, d01 の要素数 `len(d01)` で割る.
- for 文では d01 の要素を `for d in d01` で参照することができる. つまり d01

の要素が順番にdに入っていくので，それらを足していき，要素数 len(d01) で割る．

```
1  d01=[1.5,2.3,2.2,4.0]
2  #平均を求める手続き 1
3  print(sum(d01)/len(d01))
4  >> 2.5
5
6  #平均を求める手続き 2
7  m=0
8  for d in d01:
9    m = m + d
10 m /= len(d01)
11 print(m)
12 >> 2.5
```

1.6.2 自作関数の定義

リストの長さ len や和をとる関数 sum は，組み込み関数と呼ばれる．自分で関数を作成する（定義）することもできるので，ここでは自然数 n を与えて1から n までの和を求める関数や，n 個のデータを与えて平均を求める自作の関数を作成してみる．def func_name(): で自作関数を定義し，関数の返り値は return で設定する．

```
1  def my_sum01(n):
2    return n*(n+1)/2
```

```
 3
 4  #1 から n までの和をとる関数 2  for 文を使う
 5  def my_sum02(n):
 6    s=0
 7    for i in range(1,n+1):
 8      s += i
 9    return s
10
11  print(my_sum01(5))
12  >> 15.0
13
14  print(my_sum02(12))
15  >> 78
```

次に d01=[1.5,2.3,2.2,4.0] のデータの平均を求める関数を作成してみる.

```
 1  #平均は英語で mean
 2  def my_mean01(data):
 3    return sum(data)/len(data)
 4
 5  #平均を for 文で作る
 6  def my_mean02(data):
 7    m=0
 8    for d in data:
 9      m += d
10    return m/len(data)
```

```
11
12  my_mean01(d01)
13  >> 2.5
14
15  my_mean02(d01)
16  >> 2.5
17
18  #違うデータでも計算してみる.
19  d02 = [10.1, -5.1, 3.2, -2.4]
20  print(my_mean01(d02))
21  print(my_mean02(d02))
22  >> 1.4499999999999997
23  >> 1.4499999999999997
```

20,21 行では平均の値を表示している．自分のメモであればこれでも良いが，レポート等にまとめる場合などは小数点以下何桁までを記載するか，あるいは有効数字に気を配る方がよい．ここでは，小数点2桁までを表示するために，関数 round() を使って小数点3桁目を四捨五入する．

```
24  #小数点 2 桁で求めるために 3 桁目を四捨五入
25  round(my_mean01(d02),2)
26  >> 1.45
27
28  #小数点の桁数を指定しない場合は小数点 1 桁目を四捨五入
29  round(my_mean01(d02))
```

```
30  >> 1
```

1.6.3 分散を計算する関数の作成

データ x_1, x_2, x_3, x_4 の平均 $\bar{x}$，分散 s^2 を求めたいとする．分散はデータの個数 4 で割る．

$$\bar{x} = \frac{1}{4}(x_1 + x_2 + x_3 + x_4), \quad s^2 = \frac{1}{4}\left\{(x_1 - \bar{x})^2 + (x_2 - \bar{x})^2 + (x_3 - \bar{x})^2 + (x_4 - \bar{x})^2\right\}$$

平均 $\bar{x}$ は 1.6.2 節で作成した my_mean01 もしくは my_mean02 を使えばよい．分散 s^2 の式をよくみると，$[(x_1 - \bar{x})^2, (x_2 - \bar{x})^2, (x_3 - \bar{x})^2, (x_4 - \bar{x})^2]$ のようなリストがあれば，その平均をとればよいことに気づく．したがって，分散計算のための関数は平均の関数を少し変更すればよい．そこで次のように my_mean02 の for 文での += の部分を分散用に変えてみる．

```python
1  #分散は英語で variance
2  #平均の計算には my_mean01() を使う.
3  def my_var01(data):
4    s2 = 0
5    m = my_mean01(data)
6    for d in data:
7      s2 += (d - m)**2
8    return s2/len(data)
9
10 #d01 = [1.5,2.3,2.2,4.0]
```

```
11  my_var01(d01)
12  >> 0.845
```

次に，$[(x_1-\bar{x})^2, (x_2-\bar{x})^2, (x_3-\bar{x})^2, (x_4-\bar{x})^2]$ のようなリストを作成し，その平均をとるという手続きで考えてみる．Python にはリストの内包的表現という表現方法で，リスト作成の際に手続きを埋め込むことができる．例えば，1 から 10 までのリストを作成するためには次のように書けば良い．

```
13  #リストの内包的表現で [1, ..., 10] を作る
14  [i for i in range(1,11)]
15  >> [1, 2, 3, 4, 5, 6, 7, 8, 9, 10]
```

d01 に対して分散を計算する手続きを作り，その後，一般的なデータに対しても分散が計算できる関数を作る．

```
16  #d01 についての分散の計算
17  m = my_mean01(d01)
18  Ld = [(d - m)**2 for d in d01]
19  print(Ld)
20  >> [1.0, 0.04000000000000007, 0.0899999999999999, 2.25]
21  print(my_mean01(Ld))
22  >> 0.845
23
24  #リストの内包的表現を利用した分散計算の関数
25  def my_var02(data):
26    m = my_mean01(data)
```

```
27    Ld = [(d - m)**2 for d in data]

28    return my_mean01(Ld)

29

30 print(my_var02(d01))

31 >> 0.845

32

33 print(round(my_var02(d02),2))

34 >> 33.9
```

1.7　numpy を使う

　Pythonではいろいろな関数を自作しなくても，あらかじめ作られた関数がモジュールと呼ばれる関数群で提供される．モジュールを共通の処理ごとにまとめた（フォルダにいれた）ものがパッケージである．さらにパッケージをまとめたものがライブラリである．numpy(Numeric Python)は科学技術計算に適したライブラリで，リストで数値計算するよりも高速に処理したり，行列計算や統計学で扱う種々の分布の乱数生成に利用できる．平均や分散も

$$\text{numpy.mean(), numpy.var()}$$

で計算できる．このようなライブラリを利用するためには import で読み込んで使用することになるが，例えば，

$$\text{import numpy as np}$$

と書くことで，numpy に np という短いニックネームをつけることができる．これにより numpy.mean() を np.mean() と短く書くことができる．numpy のニックネームは np であるように，ある程度慣例で決まっているので，それに従う方が他人がコードを見たときに理解しやすい．

```
1  #numpy を使えるように np というニックネームをつけてインポートする
2  import numpy as np
```

いま仮に A さん，B さん，C さんの 3 人が 10 点満点の国語と数学の小テストを受けて，点数がそれぞれ次の表のようであったとする．

	国語	算数
A	8	6
B	10	8
C	6	4

上のデータから

(1) 3 人全員の 2 科目の合計点は何点か，平均点と分散は?

(2) 個人ごとの合計点，平均は何点か．

(3) 科目ごとの合計点，平均は何点か，また，分散の値はどうか．

などを検討したい．

	国語	算数	合計	平均
A	8	6	14	7
B	10	8	18	9
C	6	4	10	5
合計	24	18	42	
平均	8	6	7	

```
3   #2次元の配列（行列）を作る
4   a = np.array([[8,6],[10,8],[6,4]])
5   print(a)
6   >>
7   [[ 8   6]
8    [10   8]
9    [ 6   4]]
10
11  #全ての要素の和を取る
12  a.sum()
13  >> 42
```

変数 a を numpy の配列 (array) として定義しているので，numpy がもつ関数群を a が
引き継ぐことができる．したがって，a.sum() と書くことで a の全ての要素の和を計算
することができる．同様にして，全ての要素の平均と分散を求めるには．a.mean()，
a.var() とすればよい．

```
14  #全ての要素の平均を取る
15  a.mean()
16  >> 7.0
17
18  #全ての要素の分散を取る
19  a.var()
20  >> 3.6666666666666665
```

では，科目ごとの平均や分散，個人ごとの合計点や平均を求めるためにはどうすればよいか．変数がaが3×2の行列（行の数が3，列の数が2）であることに注意して，和をとる方向（座標：axis）を指定することができる．axis=0が列ベクトルへの操作，axis=1が行ベクトルへの操作を行う．

```
21  #列和
22  a.sum(axis=0)
23  >> array([24, 18])
24  #行和
25  a.sum(axis=1)
26  >> array([14, 18, 10])
27
28  #列ごとの平均=科目ごとの平均
29  a.mean(axis=0)
30  >> array([8., 6.])
31
32  #列ごとの分散=科目ごとの分散
33  a.var(axis=0)
34  >> array([2.66666667, 2.66666667])
```

第2章 Pythonによる記述統計の基礎

この章では，記述統計としてのデータ解析を，pythonのライブラリである pandas を利用してみていく．2023年4月現在，高校数学での数学Iで習う「データ分析」は既習済みとして，データ，変量，度数分布表，ヒストグラム，平均値，分散，四分位数，箱ひげ図などは既知として，説明することはしない．これらをどうやってpandasを使って計算したりグラフとして表示させたりするかを説明する．

2.1 記述統計と推測統計

　統計学は大きく記述統計と推測統計に分けられる．データが取られた集団を母集団といい，「取られたデータ＝母集団」の場合と，「データは母集団の一部」の場合とがある．例えば，ある小学生の児童30人のクラスの国語のテストの得点を集めたという場合には，このテストに関する出来具合，30人のクラスの得点のばらつき具合などが知りたいので，取られたデータ＝母集団の構図が成り立つ．一方，有権者の政党支持率などでは，1000人程度で無作為に抽出された人たちのアンケートデータをもとに支持率を推定することになる．この場合，有権者全体が母集団であり，無作為に抽出された1000人のアンケートデータが標本となり，推測統計の方法で支持率を推定することになる．

データ分析するための Python の主要なライブラリは pandas である．pandas はデータ分析を素早く簡単に行うために設計されていて，1.7 節で紹介した numpy を拡張して作成されている．pandas のデータ構造は，シリーズ (Series) とデータフレーム (DataFrame) であり，前者が 1 次元配列（ベクトル），後者が 2 次元配列（行列）のようなものと考えれば良い．Series はインデックスと呼ばれる名前を要素ごとに付けたりできる点が，DataFrame も行と列に名前を付けたりできる点が，配列（リスト）とは異なる．DataFrame では Excel の表が，項目名も含めてまるごと入っていると考えて良い．例えば1.7で使った

	国語 (Jpn)	算数 (Math)
A	8	6
B	10	8
C	6	4

のデータを入力する際には，2 次元のリスト [[8,6],[10,8],[6,4]] をデータとして，列の名前は columns で指定し columns=["Jpn", "Math"] とし，行の名前は index で指定して index=["A", "B", "C"] としてデータフレームを作る．

```
1  #pandas を pd というニックネームでインポートする
2  import pandas as pd
3
4  df01 = pd.DataFrame([[8,6],[10,8],[6,4]],
5      columns=["Jpn","Math"],index=["A","B","C"])
6  print(df01)
7  >>
```

```
 8      Jpn    Math
 9   A    8      6
10   B   10      8
11   C    6      4
```

辞書（ディクショナリ）と呼ばれるデータ形式を使うこともできる．辞書はキーと値の組を並べた集合である．dict = {"Jpn": [8,10,6], "Math": [6,8,4]} の場合，Jpn がキーでその値が [8,10,6] となる．dict["Jpn"] で [8,10,6] が参照できる．辞書を利用してデータフレームを作る際には，科目ごとに [8,10,6] と [6,8,4] のリストを用意して辞書形式で DataFrame に入力すること，つまり，辞書のキーがデータフレームの列に割り振られる．pandas では，列項目（統計学でいうところの変数）を辞書のキーとして，変数に対するデータを辞書の値として入力する．

```
12  #辞書をつくる
13  dict = {"Jpn": [8,10,6], "Math": [6,8,4]}
14
15  dict["Jpn"]
16  >> [8, 10, 6]
17
18  #DataFrame に dict をいれる
19  df = pd.DataFrame(dict)
20  print(df)
21  >>
22      Jpn    Math
23   0    8      6
24   1   10      8
```

```
25  2     6       4
26
27  #index(行の名前)を指定することもできる
28  df = pd.DataFrame(dict, index=["A","B","C"])
29  print(df)
30  >>
31     Jpn   Math
32  A    8      6
33  B   10      8
34  C    6      4
```

辞書を利用した方法では列の名前は割り振られるが，行の名前は後で指定する必要がある．行の名前を指定しない場合，`pd.DataFrame(dict)` は行の名前が番号で 0,1,2 と入る．一方，`index` を指定した

$$\texttt{pd.DataFrame(dict, index=["A","B","C"])}$$

では行の名前が A, B, C となる．

2.3　基本統計量の計算

　2021 年度から始まった大学入学共通テストにおいて，2022 年現在，数学 I の第 4 問はデータ分析の問題である．2020 年のセンター試験の第 4 問を例題として基本統計量を求める．基本統計量とは，平均，分散，標準偏差に加えて，最大値，最小値，第 1 四分位点，中央値，第 3 四分位点，範囲，四分位範囲などである．2020 年センター入試・数

学 I・第 4 問 (1) では，99 個の観測値からなるデータについて，四分位数に関する正しい記述を答えさせる問題がでている．選択肢は次の 5 つであり，正しい記述が 2 つある．

⓪ 平均値は第 1 四分位数と第 3 四分位数の間にある．

① 四分位範囲は標準偏差より大きい．

② 中央値より小さい観測値の個数は 49 個である．

③ 最大値に等しい観測値を 1 つ削除しても第 1 四分位数は変わらない．

④ 第 1 四分位数より小さい観測値と，第 3 四分位数より大きい観測値とをすべて削除すると，残りの観測値の個数は 51 個である．

⑤ 第 1 四分位数より小さい観測値と，第 3 四分位数より大きい観測値をすべて削除すると，残りの観測値からなるデータの範囲はもとのデータの四分位範囲に等しい．

　正しい記述は③と⑤である．⓪と①は，平均値や標準偏差，分散が外れ値に大きく依存することを問うたものである．また，②と④も必ずしも正しいわけではないのであるが，なぜ正しくないかを短時間で考えだすのはなかなか難しいのではないかと思う．

　では，pandas を使って上の問題に似た疑似問題を作ってみる．まず，99 個のデータを 1 から順に 1 つずつ上がり 99 までとしてみる．行の名前には D1 から D99 とするために，

$$[\text{"D"+str(i) for i in range(1,100)])}$$

で for 文で 1 から 99 までの数字 i に対して str() 関数で数値 i を文字列に変えて D と結合 (+) している．

```
1  #1 から 99 までのデータを作る．
2  df2020 = pd.DataFrame(list(range(1,100)),columns=["Data"],
3      index=["D"+str(i) for i in range(1,100)])
```

```
 4  print(df2020)
 5  >>
 6        Data
 7  D1      1
 8  D2      2
 9  ..     ...
10  D98    98
11  D99    99
```

df2020 の Data 列について中央値（メジアン：median）は，

$$df2020["Data"].median()$$

で求めることができて 50 である．小数点表示するので 50.0 と出力ではなっている．

```
12  df2020["Data"].median()
13  >> 50.0
```

df2020 からある条件に合うものだけを抽出するためには df2020[(**条件式**)] とすれ
ばよい．②の中央値よりも小さいデータを取り出すためには，(**条件式**) の部分を

$$df2020["Data"]<df2020["Data"].median()$$

とする．当然 1 から 49 までの数字が出力されるが，個数だけ調べるには len() を使
い，49 を得ることができる．

```
14  len(df2020[df2020["Data"]<df2020["Data"].median()])
15  >> 49
```

したがって②はこの例では正しい．正しくない例を作るために中央値に近いところを中央値と同じにすればよい．まずは DataFrame のメソッド loc を使って，df2020 から中央値に近い値を見てみる．

```
16  df2020.loc[["D49","D50","D51"]]
17  >>
18        Data
19  D49     49
20  D50     50
21  D51     51
22
23  df2020.loc["D49":"D51"]
24  >>
25        Data
26  D49     49
27  D50     50
28  D51     51
29
30  #D49の値 49 を中央値 50 と同じ値に変更する
31  #D49行と，列名は"Data"なので，その二つを loc の引数とする
32  df2020.loc["D49","Data"]=50
33
34  df2020.loc["D49":"D51"]
35  >>
36        Data
37  D49     50
```

```
38  D50        50
39  D51        51
40  # D49の値が 50になった
41
42  len(df2020[df2020["Data"]<df2020["Data"].median()])
43  >> 48
44  #中央値よりも小さい値の個数が 48個になることが確認できる
```

上のようにD49のデータを中央値と同じ値にする（タイのデータをつくる）ことで，②が正しくない例を作ることができた．

　第1四分位点や第3分位点，中央値，平均などを含めた基本統計量をまとめて出力するメソッドにdescribe()がある．

```
45  #D49の値 50を元の 49にもどす
46  df2020.loc["D49","Data"]=49
47
48  #基本統計量をまとめて出力する
49  df2020.describe()
50  >>
51              Data
52  count   99.000000
53  mean    50.000000
54  std     28.722813
55  min      1.000000
56  25%     25.500000
57  50%     50.000000
```

```
58  75%       74.500000
59  max       99.000000
```

25% の値 25.5 が第 1 四分位点，50% の値 50.0 が中央値 75% の値 74.5 が第 3 四分位
点である．なお，第 1 四分位点を中央値を境界として下側のグループの 1, . . . , 49 の中
央値とするような高交流の定義だと第 1 四分位点は 25 となることに注意する．同様に
高校流のやり方では第 3 四分位点は 75 となる．

行列の転置と同じように df2020.describe().T とすることで出力を横長にして
見やすくできる．

```
60  df2020.describe().T
61  >>
62          count  mean    std       min    25%   50%   75%   max
63  Data     99.0  50.0  28.722813   1.0   25.5  50.0  74.5  99.0
```

選択肢 ④ も中央値の場合と同様にして第 1 四分位点もしくは第 3 四分位点の前後に
タイのデータがあると，④ が正しくならない場合を作ることができる．

2.4　ヒストグラムの作成

　2020 年センター入試数 I/第 4 問 (3) ではある県の 20 市町村の男の市町村別平均寿命の
ヒストグラムが図示されている．そこで，平成 27 年に 20 の市町村がある県を調べたとこ
ろ，愛媛県と佐賀県であることがわかった．以下では，表 2.1 に示される愛媛県の男女の
平均寿命を使って pandas の使い方をみていく．データを pandas へ読み込む方法は，

愛媛県のデータの csv ファイル (Ehime.csv) を作り pd.read_csv("Ehime.csv") で pandas に読み込むか，辞書を dic_Ehime という名前でつくり pandas に読み込むかである．以下では後者の方法を説明する．変数名を M(Male: 男性)，F(Female: 女性) とする．

```
dic_Ehime = {
'M': {0: 81.1, 1: 79.7, 2: 81.5, 3: 79.9, 4: 80.5, 5: 80.8,
    6: 80.2, 7: 80.4, 8: 80.6, 9: 80.4, 10: 81.1,
    11: 81.6, 12: 80.8, 13: 81.2, 14: 80.5, 15: 80.8,
    16: 80.5, 17: 80.4, 18: 80.5, 19: 80.6},
'F': {0: 87.1, 1: 86.7, 2: 87.7, 3: 87.2, 4: 87.6, 5: 87.2,
    6: 87.3, 7: 87.0, 8: 87.4, 9: 87.5, 10: 86.9,
    11: 87.5, 12: 87.0, 13: 86.6, 14: 87.1, 15: 87.5,
    16: 86.7, 17: 87.0, 18: 87.1, 19: 86.6
}}

df_Ehime = pd.DataFrame(dic_Ehime)
>>
    M       F
0   81.1    87.1
1   79.7    86.7
    ...
18  80.5    87.1
19  80.6    86.6
```

愛媛県の市町村別男女の平均寿命に関してヒストグラムや箱ひげ図を python で作

表 2.1　平成 27 年の愛媛県の市町村別男女の平均寿命

市町村名	男性	女性	市町村名	男性	女性
松山市	80.5	87.2	東温市	80.4	87.0
今治市	79.7	86.2	越智郡 上島町	80.0	86.6
宇和島市	79.8	86.2	上浮穴郡 久万高原町	79.9	86.8
八幡浜市	80.0	86.8	伊予郡 松前町	80.5	87.2
新居浜市	80.1	86.7	伊予郡 砥部町	80.6	87.1
西条市	80.1	86.8	喜多郡 内子町	80.1	86.8
大洲市	80.3	86.6	西宇和郡 伊方町	79.9	87.0
伊予市	79.7	86.8	北宇和郡 松野町	80.2	86.5
四国中央市	80.4	86.9	北宇和郡 鬼北町	80.2	87.1
西予市	80.0	87.0	南宇和郡 愛南町	79.6	86.6

成する.

　表 2.1 の男 (M:Male) の 20 個のデータに対して pandas のヒストグラムを描くメソッド hist() を使ってビン数 (棒の数) を 7 として描いたものが図 2.1 である.

```
20  df_Ehime["M"].hist(bins=7)
```

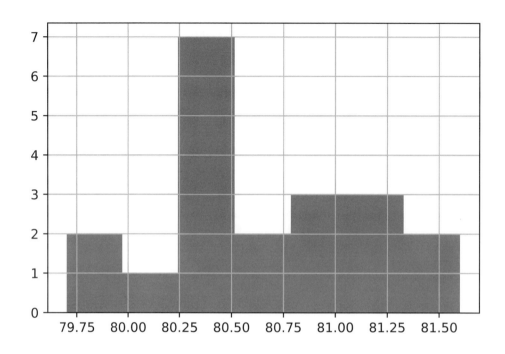

図 2.1　愛媛県の市町村別男性の平均寿命のヒストグラム (ビン数 7)

　また，ビン数を 5 として階級の範囲を range=(79.5,82.0) としたものが図 2.2 である．

```
21  df_Ehime["M"].hist(range=(79.5,82.0),bins=5)
```

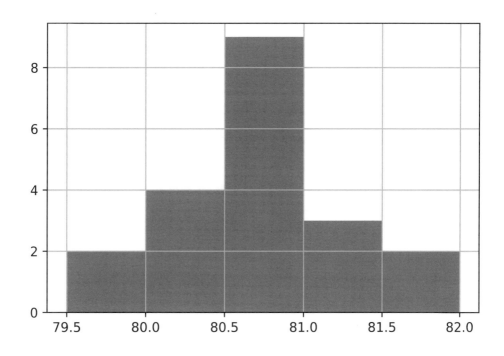

図 2.2　愛媛県の市町村別男性の平均寿命のヒストグラム (ビン数 5)

ヒストグラムを見ると図 2.1 はピークが左に寄っているが，図 2.2 はピークが中央でありほぼ左右対称になっている．このようにヒストグラムから受ける印象は，ビン数や階級幅の取り方で変わってくるとことに注意が必要である．

···➔

　次に．表 2.1 の男性の 20 個のデータに対して箱ひげ図を作る．Python で箱ひげ図を作るためのライブラリは主に pandas, matplotlib, seaborn である．高校数学のデータ分析では，ひげの末端はデータの最大値と最小値であるが，通常は Tukey 博士が考案した 1.5 倍ルールが適用される．以下では，末端を最大値と最小値にした場合と 1.5 倍ルールにした場合とを比較する．

　pandas では，pandas.boxplot() を使って次のように入力する．

22
```
df_Ehime.boxplot(column=["M"],vert=False,whis=10)
```

　図 2.3-(a) に出力の図を示す．df_Ehime の男女のデータのうち，男性だけの箱ひげ図を描くために column=["M"] を設定している．また，横方向に箱ひげ図を描くために，vert=False を設定している．whis=10 は，ひげを描く範囲を設定しており，上側は第三四分位点から whis× 四分位範囲を超えない最大値にひげを描く．下側も第一四分位点から whis× 四分位範囲に入る最小値にひげを描く．whis=10 はデータの全体の最大値と最小値を含むようにある程度大きい値に設定している．

　デフォルト値（whis を設定しない場合の値）は，Tukey 博士の考案した whis=1.5 が適用される．上の末端は四分位範囲の 1.5 倍を超えない範囲の最大値を表し，下の末端も同様に四分位範囲の 1.5 倍に入るデータの最小値を表す．これら最大値と最小値の間に入らないデータは外れ値として ○ 等で表示する．図 2.3-(b) はデフォルト値 whis=1.5 の場合の箱ひげ図であり，○ の外れ値がみてとれる．

23
```
df_Ehime.boxplot(column=["M"],vert=False)  #whisを指定しない場合
```

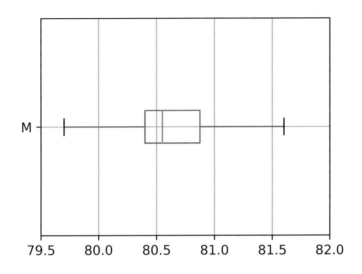

(a) whis を大きい値に設定した場合

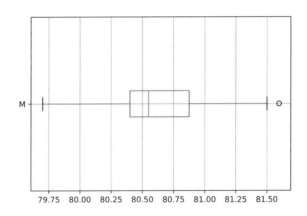

(b) whis を設定せず，デフォルト値 whis=1.5 を使った場合

図 2.3 愛媛県の市町村別男性の平均寿命の箱ひげ図 (pandas の boxplot)

次に python の作図のための標準的なライブラリである matplotlib を使って，箱ひげ図を作成する方法を見てみる．

```python
24  # whis の指定あり
25  fig = plt.figure(figsize=(8, 4))
26  plt.boxplot(x=df_Ehime["M"],vert=False,labels=["Ehime"],
27                                                whis=10)
28  plt.xlim(79.5,82.0)
29  plt.grid(axis="x",linestyle='dotted')
30  plt.show()
31
32  # whis の指定なし
33  fig = plt.figure(figsize=(8, 4))
34  plt.boxplot(x=df_Ehime["M"],vert=False,labels=["Ehime"])
35  plt.xlim(79.5,82.0)
36  plt.grid(axis="x",linestyle='dotted')
37  plt.show()
```

これら2つの出力を図 2.4 に示す．

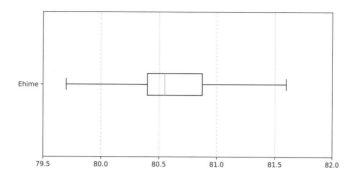

(a) whis を大きい値に設定した場合

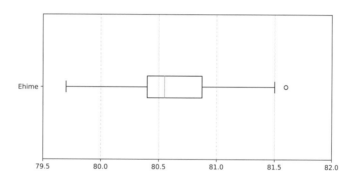

(b) whis を設定せず，デフォルト値 whis=1.5 を使った場合

図 2.4　愛媛県の市町村別男性の平均寿命の箱ひげ図（pyplot の boxplot）

2.6　2グループ間の比較

表 2.1 にある愛媛県の市町村別男性と女性の平均寿命のデータから，男女2グループ間の比較を行う．

1. pandas の describe() の関数で基本統計量を調べる.

2. 2つのヒストグラムをビン幅5で並べて描く.

3. 散布図の作成と標本相関係数を計算する.

```
38  df_Ehime.describe().T
39  >>
40       count    mean       std        min    25%      50%      75%       max
41  M     20.0    80.655    0.478457   79.7   80.400   80.55   80.875
    ↪     81.6
42  F     20.0    87.135    0.332890   86.6   86.975   87.10   87.425
    ↪     87.7
```

```
1  #女性 (F:Female) の平均寿命のヒストグラムを作成せよ.
2  fig = plt.figure()
3  plt.hist( df_Ehime["F"],range=(86,88.5),bins=5)
4  plt.grid()
5  plt.show()
```

```
6   fig = plt.figure(figsize=(8, 4))
7   plt.boxplot(x=df_Ehime["F"],vert=False,
8       labels=["Ehime:F"])
9   plt.xlim(86.5,87.8)
10  plt.grid(axis="x",linestyle='dotted')
11  plt.show()
```

```
12  fig = plt.figure(figsize=(8, 6))
```

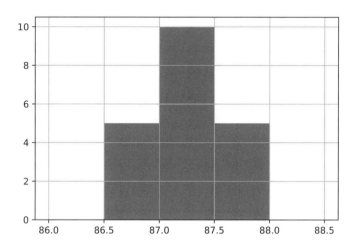

図 2.5 愛媛県の市町村別女性の平均寿命のヒストグラム

```
13  plt.scatter(x=df_Ehime["M"],y=df_Ehime["F"])
14  plt.xlim(79.5,82)
15  plt.show()
```

問題 2.6.1 平成 27 年の 47 都道府県の男女の平均寿命を調べ，ヒストグラム，箱ひげ図，散布図を作成せよ．

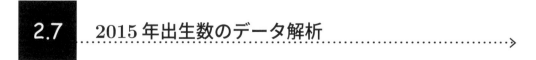

2.7　2015 年出生数のデータ解析

厚生労働省の人口動態統計のホームページから 2015 年の日別出生数データをダウン

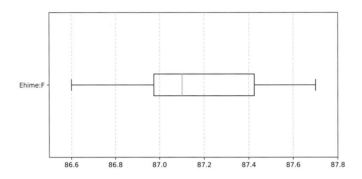

図 2.6 愛媛県の市町村別女性の平均寿命の箱ひげ図

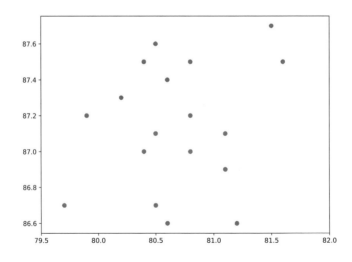

図 2.7 愛媛県の市町村別男女の平均寿命の散布図

ロードし，Pyhon でデータを読み込めるように加工したものを著者の github のサイトに置いている．github のサイトは

    https://raw.githubusercontent.com/HirokiHg/

であり，ディレクトリは IntroStat01/main/，ファイル名は 2015BirthsJp.csv
である．pandas の read_csv() でこのサイトからデータを取り込む．

```
 1  import numpy as np
 2  import pandas as pd
 3  import matplotlib.pyplot as plt
 4  %matplotlib inline
 5
 6  mygit = 'https://raw.githubusercontent.com/HirokiHg/'
 7  mydir = 'IntroStat01/main/'
 8  csvfile = '2015BirthsJp.csv'
 9
10  df = pd.read_csv(mygit+mydir+csvfile)
11
12  df.head()
13  >>
14      date      #Births
15  0  2015/1/1    1777
16  1  2015/1/2    1800
17  2  2015/1/3    1946
18  3  2015/1/4    2132
19  4  2015/1/5    3134
20
```

```
21  len(df)
22  >> 365
```

2015年1月1日には1777人，1月2日には1800人の新生児が生まれ，`len(df)` が365であるので，365日分のデータが取り込まれている．

```
23  df.describe()
24              #Births
25  count    365.000000
26  mean    2755.279452
27  std      483.205106
28  min     1777.000000
29  25%     2258.000000
30  50%     2943.000000
31  75%     3105.000000
32  max     3679.000000
```

1日あたりの平均値は2755人，最小値は1月1日の1777人であって，最大値は3679人である．平均値に対する最小値と最大値の割合をもとめると，それぞれ，0.645, 1.335となる．

```
33  np.round(df["#Births"].min()/df["#Births"].mean(),3)
34  >> 0.645
35
36  np.round(df["#Births"].max()/df["#Births"].mean(),3)
37  >> 1.335
```

以下では，次のような方針で2015年の出生数のデータを解析する．

1. 平均値からの相対的な割合に出生数を変換する．
2. 月ごとの比較をしてみる．
3. 事前にデータを見てみると，平日と週末で出生数の傾向が異なるようである．そこで曜日ごとにまとめて比較してみる．

上の方針で解析するための準備として，df に，平均値からの相対的な割合，月と曜日の情報を付け加える．

```
38  # 平均値からの割合を#Births/mean に格納
39  df["#Births/mean"] = df["#Births"]/df["#Births"].mean()
40  df["#Births/mean"].describe()
41  >>
42  count    365.000000
43  mean       1.000000
44  std        0.175374
45  min        0.644944
46  25%        0.819518
47  50%        1.068131
48  75%        1.126927
49  max        1.335255
50
51  #曜日の格納
52  week = ["Mon","Tue","Wed","Thu","Fri","Sat","Sun"]
53  # 1月1日は木曜日なので，3をたす．
54  wd = [week[(i+3)%7] for i in range(len(df))]
```

```
55   # DW変数に曜日を格納
56   df["DW"] = wd
```

次に月の情報を格納する. 各月の日数をおさめた辞書 dict を作る. df の新しい列
Month に df.loc を使って月の情報を格納する.

```
57   dict = {"Jan":31, "Feb":28, "Mar": 31, "Apr": 30, "May": 31,
58    "Jun": 30, "Jul": 31, "Aug": 31, "Sep": 30, "Oct": 31,
59    "Nov": 30, "Dec": 31}
60
61   s=0
62   for key  in dict.keys():
63       for i in range(dict[key]):
64           df.loc[s,"Month"] = key
65           s = s+1
66   s
67   >> 365
```

365 日分の月の情報を格納できている.

```
68            date  #Births  #Births/mean  DW Month
69   0     2015/1/1     1777      0.644944  Thu   Jan
70   1     2015/1/2     1800      0.653291  Fri   Jan
71   ..         ...      ...           ...  ...   ...
72   363 2015/12/30     2127      0.771973  Wed   Dec
73   364 2015/12/31     1915      0.695029  Thu   Dec
```

月ごとの平均値からの割合をみるために，次のプログラムを実行し折線グラフを作成した図が，図 2.8 である．どの月でも，日曜日は極小値であって，月曜日，火曜日と上昇し，火曜日をピークに水曜日から下降するするような傾向が見られる．また，平日は 1 を超えて平均値よりは多く新生児が誕生しており，週末では 1 を下回る傾向がある．

```python
74  fig = plt.figure(figsize = (12,9))
75  for i, key  in enumerate(dict.keys()):
76      plt.subplot(4, 3,i+1)
77      x = range(1,dict[key]+1)
78      y = df["#Births/mean"][df["Month"]==key]
79      plt.title(key)
80      plt.plot(x,y)
81      plt.ylim(0.62, 1.35)
82  plt.tight_layout()
```

月ごとに平均，標準偏差，最小値，最大値を計算する．

```python
83  for i, key  in enumerate(dict.keys()):
84      md = df["#Births/mean"][df["Month"]==key]
85      mdm = np.mean(md)
86      mdmim = np.min(md)
87      mdmax = np.max(md)
88      mdstd = np.std(md)
89      print(key, ": Mean = ",np.round(mdm,3),"\t Std = ",
      ↪  np.round(mdstd,3), "\t Min =", np.round(mdmim,3),
90          "\t Max = ",  np.round(mdmax,3) )
91  >>
```

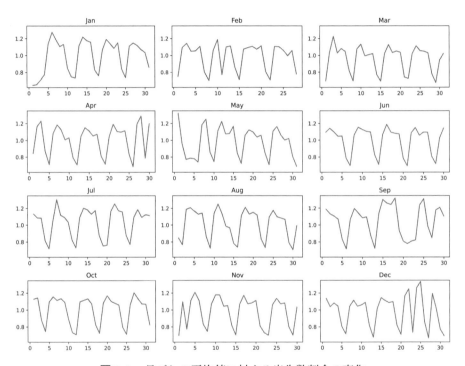

図 2.8 月ごとの平均値に対する出生数割合の変化

```
92   Jan : Mean = 0.992 Std = 0.194 Min = 0.645 Max = 1.276
93   Feb : Mean = 0.985 Std = 0.157 Min = 0.702 Max = 1.189
94   Mar : Mean = 0.959 Std = 0.155 Min = 0.675 Max = 1.225
95   Apr : Mean = 1.009 Std = 0.178 Min = 0.686 Max = 1.228
96   May : Mean = 0.981 Std = 0.18 Min = 0.69 Max = 1.32
97   Jun : Mean = 1.007 Std = 0.158 Min = 0.695 Max = 1.189
98   Jul : Mean = 1.037 Std = 0.168 Min = 0.72 Max = 1.305
99   Aug : Mean = 1.011 Std = 0.173 Min = 0.708 Max = 1.251
100  Sep : Mean = 1.05 Std = 0.186 Min = 0.718 Max = 1.321
101  Oct : Mean = 1.005 Std = 0.16 Min = 0.709 Max = 1.204
102  Nov : Mean = 0.976 Std = 0.174 Min = 0.699 Max = 1.209
103  Dec : Mean = 0.987 Std = 0.191 Min = 0.667 Max = 1.335
```

平均値の 1 を超えている月は，4，6，7，8，9，10 月と比較的暖かい月であり，1 を下回る月は，11,12,1,2,3,5 月である．5 月がゴールデンウィークの影響があると考えられるので，寒い月が 1 を下回る傾向にある．

　次に曜日ごとにデータをまとめ直して，箱ひげ図を作成した図が，図 2.9 である．

```
104  DWlist = [df[df["DW"] == key]["#Births/mean"].to_list()
105      for key in week]
```

　月曜日から金曜日までの第 1 四分位点は，1 を超えていること，土日の第 3 四分位点は 1 より低いことが見てとれる．最小値は 1 月 1 日の 0.64 であるが，0.69 未満を抽出してみると以下の 6 日である．すべて休日である．

```
106  df[df["#Births/mean"]<0.69]
```

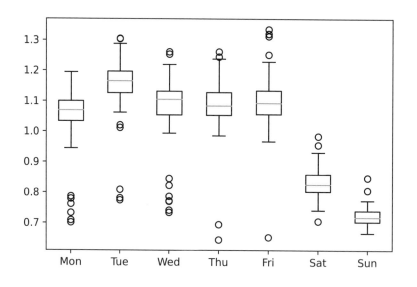

図 2.9 週ごとの平均値に対する出生数割合の箱ひげ図

```
107  >>
108                date   #Births   #Births/mean   DW  Month
109  0        2015/1/1      1777       0.644944    Thu   Jan
110  1        2015/1/2      1800       0.653291    Fri   Jan
111  87      2015/3/29      1860       0.675068    Sun   Mar
112  115     2015/4/26      1890       0.685956    Sun   Apr
113  346    2015/12/13      1862       0.675794    Sun   Dec
114  360    2015/12/27      1838       0.667083    Sun   Dec
```

　図 2.8 から，1.3 を超えると出生数が多いといえそうなので，df から 1.3 を超える日を上のように抽出する．6 日が抽出されていて，6 日のうち 3 日が 9 月である．

```
115  df[df["#Births/mean"]>1.3]
116              date   #Births   #Births/mean    DW  Month
117  120     2015/5/1      3638       1.320374   Fri    May
118  187     2015/7/7      3595       1.304768   Tue    Jul
119  257    2015/9/15      3592       1.303679   Tue    Sep
120  260    2015/9/18      3639       1.320737   Fri    Sep
121  267    2015/9/25      3616       1.312390   Fri    Sep
122  358   2015/12/25      3679       1.335255   Fri    Dec
```

問題 2.7.1

1. 図 2.8 から週ごとにまとめられたデータの平均値は，火曜日が最も高いことが予想される．実際に月曜日から日曜日までの各曜日での平均と標準偏差を求めよ．

2. 図 2.8 において，月曜日と火曜日の箱ひげ図での 0.85 未満の日を df から抽出せよ．

　箱ひげ図を作成した際に作った DWlist には，各曜日のデータがまとめられているので，上問 1 ではこれを利用すればよい．

```
123  len(DWlist)
124  >> 7
125
126  for w,d in zip(week, DWlist):
127      print(w,":\t  Mean = ", np.round(np.mean(d),3),
128            "\t std = ", np.round(np.std(d),3),)
129  >>
130  Mon :   Mean =  1.044     std =  0.119
```

```
131  Tue :    Mean =   1.147      std =    0.107
132  Wed :    Mean =   1.068      std =    0.124
133  Thu :    Mean =   1.083      std =    0.102
134  Fri :    Mean =   1.101      std =    0.101
135  Sat :    Mean =   0.831      std =    0.048
136  Sun :    Mean =   0.724      std =    0.033
```

平日は平均値 1 より少し高い程度であり，週末は 0.2 ポイント低い程度にとどまっている．標準偏差の値から水曜日がばらつきが大きいことがわかる．

2. では月曜日または火曜日のデータを抽出するために，条件式

$$(df["DW"] == "Mon") \ | \ (df["DW"] == "Tue"))$$

に & (df["#Births/mean"]<0.8) を追加する．次の 8 日が抽出される．

```
137  df[((df["DW"] == "Mon") | (df["DW"] == "Tue")) &
     ↪   (df["#Births/mean"]<0.8)]
138  >>
139          date   #Births   #Births/mean   DW Month
140  11     2015/1/12    2019      0.732775   Mon   Jan
141  123     2015/5/4    2168      0.786853   Mon   May
142  124     2015/5/5    2153      0.781409   Tue   May
143  200    2015/7/20    2099      0.761810   Mon   Jul
144  263    2015/9/21    2147      0.779231   Mon   Sep
145  284   2015/10/12    1953      0.708821   Mon   Oct
146  306    2015/11/3    2134      0.774513   Tue   Nov
147  326   2015/11/23    1932      0.701199   Mon   Nov
```

抽出された日は，上から順に成人の日，みどりの日，子供の日，海の日，敬老の日，体育の日，文化の日，勤労感謝の日の祝日となっている．

第3章 Python と様々な分布の計算

推測統計では母集団の特性に応じた適切な分布が仮定される．この章では，様々な分布の計算を python でどのように計算するかを説明する．確率変数と普通の変数との違いや，確率変数の期待値と，データの平均との違いなどをしっかりと理解して欲しい．

3.1 確率変数と確率

公平なコインを投げて表が出たら $X = 1$ とし，裏が出たら $X = 0$ とする変数 X を考える．このとき，$X = 1$ をとる確率 $\Pr(X = 1)$ は $\Pr(X = 1) = 1/2$ であり，同様に $\Pr(X = 0) = 1/2$ である．このように値が確率的に変動する変数を確率変数という．確率変数をボレル集合や確率空間を使って数学的に定義することが可能であるが，前述の簡単な説明にとどめる．また，公平なコインの例での 1 や 0 を，確率変数 X の実現値といい確率変数の文字の小文字 x で表す．

$$\Pr(X = x) = \frac{1}{2}, \quad x = 0, 1$$

確率変数 X が離散的な値をとるとき，X を離散型確率変数といい，連続的な値をとるときに連続型確率変数という．

離散確率変数 X の実現値が n 個の値 $x_1, \ldots, x_n$ をとるとする．また，

$$p_i = \Pr(X = x_i) \geq 0$$

とおくと

$$\sum_{i=1}^{n} p_i = p_1 + \cdots + p_n = 1$$

が成り立つ. $p_i = \Pr(X = x_i)\ (i = 1, \ldots n)$ を確率変数 X の確率関数 (probability function) あるいは確率重み関数 (probability mass function) という. 今, 実現値は n 個の有限としたが, 正の整数全体のように無限 (可算無限) でもよい. 有限もしくは可算無限の場合も含めて実現値は $x_1, x_2, \ldots$ と最後を書かない表記が便利かもしれない. 最後を書かない場合も含めて確率関数は

$$\text{すべての } x_i \text{に対して } p_i \geq 0 \text{ であり} \sum_i p_i = 1$$

となる. また

$$F(x) = \Pr(X \leq x) = \sum_{\{i|x_i \leq x\}} p_i$$

を累積分布関数あるいは分布関数という.

次に連続型確率変数の場合では, x の値の範囲が実数全体とするとき

$$p(x) \geq 0, \quad \int_{-\infty}^{\infty} p(x)dx = 1$$

となる関数 $p(x)$ を密度関数 (density function) あるいは確率密度関数 (probability density function) という. また

$$F(x) = \Pr(X \leq x) = \int_{-\infty}^{x} p(y)dy$$

を, 連続型確率変数 X の場合の累積分布関数あるいは分布関数という.

3.2　期待値と分散, モーメント

離散型確率変数 X が $x_1, x_2, \ldots$ の値をとり, $X = x_i$ の確率が $p_i = \Pr(X = x_i)$ とする. この確率変数 X の期待値あるいは平均 $\mu = E(X)$ と, 分散 $\sigma^2 = E[(X - \mu)^2]$ はそ

れぞれ

$$\mu = E(X) = \sum_{i \geq 1} x_i p_i$$

$$\sigma^2 = \sum_{i \geq 1} (x_i - \mu)^2 p_i$$

で定義される．次に連続型確率変数の場合では，x の値の範囲が実数全体とするときに密度関数 $p(x)$ を用いて，期待値と分散はそれぞれ

$$\mu = E(X) = \int_{-\infty}^{\infty} x p(x) dx$$

$$\sigma^2 = \int_{-\infty}^{\infty} (x - \mu)^2 \, p(x) dx$$

で定義される．分散 σ^2 は

$$
\begin{aligned}
\sigma^2 &= \int_{-\infty}^{\infty} (x - \mu)^2 \, p(x) dx \\
&= \int_{-\infty}^{\infty} \left\{ x^2 - 2\mu x + \mu^2 \right\} p(x) dx \\
&= \int_{-\infty}^{\infty} x^2 p(x) dx - 2\mu \int_{-\infty}^{\infty} x p(x) dx + \mu^2 \int_{-\infty}^{\infty} p(x) dx \\
&= E(X^2) - 2\mu^2 + \mu^2 \\
&= E(X^2) - \{E(X)\}^2
\end{aligned}
$$

となり，分散は 2 乗の平均から平均の 2 乗を引いたものとなる．なお

$$E(X^2) = \int_{-\infty}^{\infty} x^2 p(x) dx$$

である．より一般に連続型確率変数 X に対して

$$E(X^k) = \int_{-\infty}^{\infty} x^k p(x) dx \quad k = 0, 1, 2, \dots$$

を原点周りの積率またはモーメントという．次数 k と合わせて k 次モーメントという．また平均まわり（中心まわりともいう）のモーメントを

$$E\left\{ (X - \mu)^k \right\} = \int_{-\infty}^{\infty} (x - \mu)^k p(x) dx \quad k = 0, 1, 2, \dots$$

で定義する．1次モーメント $E(X)$ は期待値（平均），2次の中心モーメント $E\{(X-\mu)^2\}$ は分散である．期待値は分布の中心を示す特性値であり，分散は分布のばらつきを示す特性値である．さらに，3次と4次の中心モーメントを利用した分布の特性値が歪度と尖度である．歪度 β_1 と尖度 β_2 は

$$\beta_1 = \frac{E\{(X-\mu)^3\}}{\sigma^3} \quad \beta_2 = \frac{E\{(X-\mu)^4\}}{\sigma^4}$$

で定義される．歪度 β_1 は分布の対称性を示す特性値であって，β_1 がゼロに近いと期待値を中心として分布が左右対称になっていることを表す．また，β_2 は分布の裾の重みを示す特性値である．歪度と尖度は，それぞれ標準偏差 σ の3乗と4乗で割り算をしているため，確率変数 X の単位に依存しない無単位量になっていることに注意してほしい．また，尖度 β_2 は正規分布のときに3となることから，正規分布よりも尖っていて裾が軽いか，それとも正規分布よりも尖っておらず裾が重いかどうかを判定するために3を引いて

$$\beta_2 = \frac{E\{(X-\mu)^4\}}{\sigma^4} - 3 \tag{3.1}$$

と定義することもある．python に組み込まれている種々の分布の尖度の値は，(3.1) に基づいて計算されている．

3.3 ベルヌーイ分布と二項分布

　コインの表と裏のように事象が2つしかない場合を考え，そのような事象を表す確率変数を X とする．また，一方の結果に着目して着目した結果の方を $X = 1$ と書いて，もう片方の結果を $X = 0$ とする．コイン投げの試行において表に着目した場合には，表が出たら $X = 1$ とする．

確率変数 X が確率 $p(0 \le p \le 1)$ で $X = 1$ をとり，$1 - p$ の確率で $X = 0$ をとるとき，X の従う分布をベルヌーイ分布といい，ベルヌーイ分布を $\mathrm{Bin}(1, p)$ で表す.

様々な分布を扱うためには scipy ライブラリから stats を以下のように読み込む.

```
from scipy import stats
```

ベルヌーイ分布を読み込むには stats.bernoulli と stats からの関数名を書くことになる. $p = 0.7$ のベルヌーイ分布 $\mathrm{Bin}(1, 0.7)$ に従う確率変数 X の実現値を 10 個作るには rvs(random variables) の関数で 0.7，10 を以下のように指定する.

```
stats.bernoulli.rvs(0.7, size=10)

>> array([1, 1, 1, 0, 1, 1, 0, 0, 1, 0])
```

上の例では 10 回中に 6 個の 1 が観測されていることがわかる.

また, stats.bernoulli などと stats から書くと長くなるので, 必要な bernoulli を直接読み込んで次のように書いてもよい.

```
from scipy.stats import bernoulli
```

この場合，bernoulli しか読み込まれないが stats を省略することができる.

```
bernoulli.rvs(0.7, size=10)
>> array([1, 1, 1, 1, 1, 1, 1, 0, 1, 1])
```

ベルヌーイ分布 $\mathrm{Bin}(1, p)$ に従う確率変数 X の確率関数 $\Pr(X = x)$ は，$q = 1 - p$ として

$$\Pr(X = x) = p^x q^{1-x} \quad x = 0, 1$$

となる．また，平均 $E(X)$ と分散 $\mathrm{Var}(X)$ は次のように計算できる．

$$E(X) = 1 \times p + 0 \times (1-p) = p$$
$$\mathrm{Var}(X) = (1-p)^2 \times p + (0-p)^2 \times (1-p) = p(1-p) = pq$$

成功の確率が $p\,(0 < p < 1)$，失敗の確率が $1-p$ の独立試行をベルヌーイ試行という．n 回のベルヌーイ試行とは，確率変数の列 $X_1, \ldots, X_n$ があって，これらは互いに独立で $X_i \sim \mathrm{Bin}(1, p)$ であるときということができる．成功の回数を表す確率変数を X とするとき，X は $X_1, \ldots, X_n$ の和として

$$X = X_1 + \cdots + X_n \tag{3.2}$$

と書くことができる．この成功の合計回数 X が従う分布を二項分布といい，パラメータ n と p の二項分布を $\mathrm{Bin}(n, p)$ で表す．当然 X は $0, 1, \ldots, n$ をとる確率変数であり，X の確率関数は

$$f(x \mid p) = \binom{n}{x} p^x (1-p)^{n-x} \tag{3.3}$$

で与えられる．ただし $\binom{n}{x}$ は二項係数であり

$$\binom{n}{x} = \frac{n!}{x!(n-x)!}$$

である．$n = 6, p = 0.7$ のときの確率関数 (3.3) のグラフを python で描いてみる．Python で二項分布が扱えるように scipy.stats から binom をインポートする．図 3.1 は，$\mathrm{Bin}(6, 0.7)$ のグラフであり，python のプログラムは以下の通りである．

```
1  from scipy.stats import binom
2  import matplotlib.pyplot as plt
3  %matplotlib inline
```

```
4
5  x = list(range(0,7)) #[0,1,...,6] *list をつける必要は必ずしもなし
6  n, p = 6, 0.7
7
8  fig, ax = plt.subplots(1, 1)
9  rv = binom(n, p)
10 ax.vlines(x, 0, rv.pmf(x), colors='k', linestyles='-', lw=1,
   ↪  label='Probablity')
11 ax.legend(loc='best', frameon=False)
12 plt.show()
```

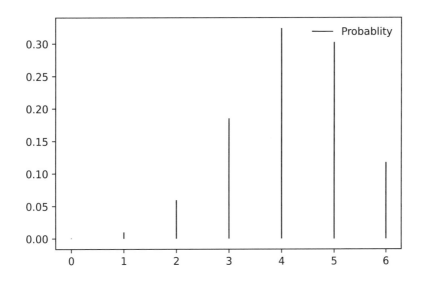

図 3.1 二項分布の確率関数 $(\mathrm{Bin}(6, 0.7))$

また, $n = 6$で$p = 0.5$にしてグラフを描いたものが図 3.2 である.

```
13 │ fig, ax = plt.subplots(1, 1)
14 │ n, p = 6, 0.5
15 │ rv = binom(n, p)
16 │ ax.vlines(x, 0, rv.pmf(x), colors='k', linestyles='-', lw=1,
   │ ↪  label='Probablity')
17 │ ax.legend(loc='best', frameon=False)
18 │ plt.show()
```

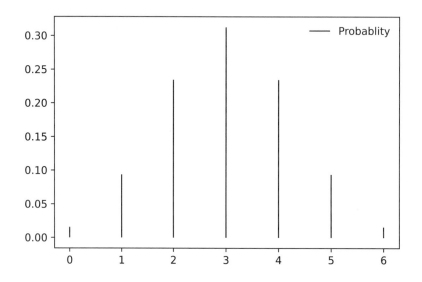

図 3.2 　二項分布の確率関数 (Bin(6, 0.5))

二項分布 $X \sim \mathrm{Bin}(n, p)$ の期待値と分散を (3.2) に基づいて求める．ベルヌーイ分布に従う確率変数 $X_1, \ldots, X_n$ が独立であることから

$$E(X) = E\left(\sum_{i=1}^{n} X_i\right) = \sum_{i=1}^{n} E(X_i) = np$$

$$\mathrm{Var}(X) = \mathrm{Var}\left(\sum_{i=1}^{n} X_i\right) = \sum_{i=1}^{n} \mathrm{Var}(X_i) = npq$$

ただし，$q = 1 - p$ である．図 3.1 に対応する $\mathrm{Bin}(6, 0.7)$ と図 3.2 に対応する $\mathrm{Bin}(6, 0.5)$ の平均，分散，歪度と尖度を求めてみる．

```
19  n, p = 6, 0.7
20  mean, var, skew, kurt = binom.stats(n, p, moments='mvsk')
21  print("mean = {}, var = {}, skew = {}, kurt =
    ↪  {}".format(mean, var, skew, kurt))
22  >> mean = 4.199999999999999, var = 1.26, skew =
    ↪  -0.35634832254989907, kurt = -0.20634920634920637
23
24  n, p = 6, 0.5
25  mean, var, skew, kurt = binom.stats(n, p, moments='mvsk')
26  print("mean = {}, var = {}, skew = {}, kurt =
    ↪  {}".format(mean, var, skew, kurt))
27  >> mean = 3.0, var = 1.5, skew = 0.0, kurt =
    ↪  -0.3333333333333333
```

図 3.2 を見てもわかるように，$\mathrm{Bin}(6, 0.5)$ は期待値 3 を中心として対称な分布であるので，歪度（skew）が 0 である．一方，図 3.1 を見てもわかるように，$\mathrm{Bin}(6, 0.7)$ は左に歪むため，歪度が負になっている．また，期待値 4 付近の頻度が高いことも見て取れる．

問題 3.3.1　$X \sim \mathrm{Bin}(10, 0.5)$, $Y \sim \mathrm{Bin}(10, 0.7)$ とする.

1. X と Y の確率関数のグラフをそれぞれ描きなさい.
2. $\Pr(X \geq 7)$ と $\Pr(Y \geq 7)$ の値を求めなさい.

　1.では, 図 3.2 を描いたように Python プログラムの 14 行目の n, p = 6, 0.5 を n, p = 10, 0.5, あるいは, n, p = 10, 0.7 に変更すればよい. 出力される図は省略する.

　2.では, $\Pr(X \geq 7) = \Pr(X = 7) + \Pr(X = 8) + \Pr(X = 9) + \Pr(X = 10)$ を利用して以下のように計算する.

```
28  sum([binom(10,0.5).pmf(x) for x in range(7,11)])
29  >> 0.17187500000000003

30

31  sum([binom(10,0.7).pmf(x) for x in range(7,11)])
32  >> 0.6496107184000001
```

$\Pr(X \geq 7) = 0.172$, $\Pr(Y \geq 7) = 0.650$ である.

3.4　正規分布

確率変数 X が以下の密度関数をもつとき

$$f(x \mid \mu, \sigma^2) = \frac{1}{\sqrt{2\pi}\sigma} \exp\left(-\frac{(x-\mu)^2}{2\sigma^2}\right)$$

X は平均 μ, 分散 σ^2 の正規分布 (normal distribution) に従うという. また, X がこの分布に従うことを $X \sim N(\mu, \sigma^2)$ と書く. なお標準偏差 σ は $\sigma > 0$ である. 特に,

$\mu = 0$, $\sigma = 1$ の正規分布を標準正規分布という．標準正規分布の密度関数を描くために，scipy.stats から norm をインポートする．

```python
from scipy.stats import norm
import numpy as np
import matplotlib.pyplot as plt

x1=np.linspace(-4.0,4.0,100)
y1=norm.pdf(x1)
plt.plot(x1, y1, label = 'N(0,1)')
plt.legend()
plt.show()
```

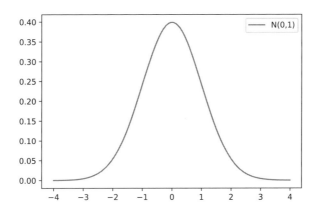

図 3.3　標準正規分布 $N(0,1)$ の密度関数

確率変数 X が $X \sim N(0,1)$ のとき, 奇数次のモーメントは 0 であり, 偶数次のモーメントは

$$E(X^{2n}) = \frac{(2n-1)!}{2^{n-1}(n-1)!} = (2n-1)!! \quad n = 1, 2, \ldots$$

となる. ここで, $(2n-1)!!$ の定義は階乗 $(!)$ を使った式で定義できるが, 簡潔に書くと, たとえば $5!! = 5 \times 3 \times 1 = 15$ であり, 一つ飛ばしで掛け算すればよい. 自然数 n の $n!!$ を二重階乗という. また, $X \sim N(0,1)$ の歪度は $\beta_1 = 0$ である. Python では, 尖度の定義は (3.1) を採用しているので, $X \sim N(0,1)$ とき, 尖度 β_2

$$\beta_2 = \frac{E(X^4)}{\{E(X^2)\}^2} - 3 = \frac{3!!}{1} - 3 = 0$$

となる. 歪度と尖度は, 一般の正規分布 $X \sim N(\mu, \sigma^2)$ の場合でもどちらも 0 であり, 標準正規分布の場合と変わらないことに注意する. $N(0,1)$ と $N(3,2^2)$ の期待値, 分散, 歪度と尖度を python で計算してみる. なお, norm には期待値と, 分散ではなく標準偏差をパラメータとして設定することに注意する. norm に平均と標準偏差を指定しない場合は $N(0,1)$ となる.

```
10  mean, var, skew, kurt = norm.stats(moments='mvsk')
11  print("mean = {}, var = {}, skew = {}, kurt ={}
    ↪   ".format(mean, var, skew, kurt) )
12  >> mean = 0.0, var = 1.0, skew = 0.0, kurt =0.0
13
14  mean, var, skew, kurt = norm(3,2).stats(moments='mvsk')
15  print("mean = {}, var = {}, skew = {}, kurt ={}
    ↪   ".format(mean, var, skew, kurt) )
16  >> mean = 3.0, var = 4.0, skew = 0.0, kurt =0.0
```

上の計算からも $N(0,1)$ と $N(3,2^2)$ の場合に, 歪度と尖度は 0 であることがわかる.

確率変数 X が正規分布 $N(\mu, \sigma^2)$ に従うとき，X の分布関数は

$$F(X) = \int_{-\infty}^{x} \frac{1}{\sqrt{2\pi}\sigma} \exp\left(-\frac{(t-\mu)^2}{2\sigma^2}\right) dt$$

で定義される．図 3.4 では，標準正規分布の場合に，分布関数 $F(x) = \Pr(X < x)$ が赤色の部分の面積であることを示している．

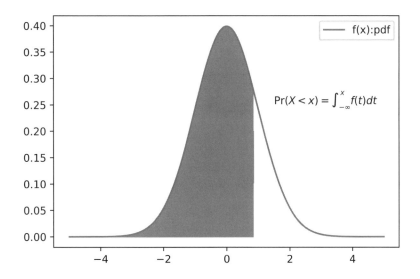

図 3.4 標準正規分布 $N(0,1)$ の分布関数

図 3.4 の python コードは以下の通りである．

```
17  x1=np.linspace(-5.0, 5.0, 1000)
18  y1 = norm.pdf(x = x1)
19  pt=norm.ppf(0.8) #80%点
```

```
20  y=0
21  plt.plot(x1, y1, label = 'f(x):pdf')
22  plt.text(1.5,0.25, r"$\Pr(X < x) = \int_{-\infty}^{x} f(t)
    ↪  dt$")
23  plt.axvline(x=pt,ymin=0.5,ymax=norm.pdf(pt),color='r')
24  plt.fill_between(x1,y1,y,where=x1<pt,color='r')
25  plt.legend()
26  plt.show()
```

$X \sim N(\mu, \sigma^2)$ のとき，標準化

$$Z = \frac{X - \mu}{\sigma}$$

を行うと，$Z \sim N(0, 1)$ となる．

問題 3.4.1 $X \sim N(0,1)$, $Y \sim N(10, 3^2)$ とする．

1. $\Pr(0 < X < 1)$ の値を答えよ．
2. $\Pr(0 < X < 1) = \Pr(a < Y < b)$ であるとき，a, b の値を答えよ．

1. $\Pr(0 < X < 1) = \Pr(X < 1) - \Pr(X < 0)$ を計算する．

```
27  norm.cdf(1) - norm.cdf(0)
28  >> 0.3413447460685429
```

2. $\dfrac{Y - 10}{3} \sim N(0, 1)$ であるので

$$\begin{aligned}
\Pr(0 < X < 1) &= \Pr\left(0 < \frac{Y - 10}{3} < 1\right) \\
&= \Pr(10 < Y < 13)
\end{aligned}$$

となる. よって $a = 10, b = 13$ である. ここで

$$\Pr(10 < Y < 13) = \Pr(Y < 13) - \Pr(Y < 10)$$

を python で計算してみると $\Pr(0 < X < 1)$ と同じ値であることがわかる.

```
29  norm(10,3).cdf(13) - norm(10,3).cdf(10)
30  >> 0.3413447460685429
```

問題 3.4.2 あるテストの受験者は 1200 人であり, 受験者全体のテストの得点分布は正規分布 $N(62, 10^2)$ で近似できるとする. このテストで A さんは 82 点, B さんは 58 点であった.

1. A さんの得点よりも高得点をとった受験者の人数は, おおよそ何人か答えよ
2. A さんと B さんの間にいる受験者の人数は, おおよそ何人か答えよ
3. このテストの全受験者の得点の箱ひげ図を描いた場合, 四分位範囲（箱の長さ）はいくつか答えよ.

1. $Z = \frac{X-62}{10} \sim N(0,1)$ であるので, $P(Z > \frac{82-62}{10})$ を計算し, 1200 を掛け算すれば約 27 人である.

```
31  1200*(1 - norm.cdf((82 - 62)/10))
32  >> 27.30015833781505
```

2. $\Pr\left(\dfrac{58 - 62}{10} < Z < \dfrac{82 - 62}{10}\right)$ を計算し, 1200 を掛け算すれば, 約 759 人となる.

```
33  1200*(norm.cdf((82 - 62)/10)-norm.cdf((58 - 62)/10))
34  >> 759.2059315945739
```

3. 標準正規分布の 25% 点と 75% 点を求めて，それらをそれぞれ，$z_{0.25}$，$z_{0.75}$ とする．$\Pr\left(\dfrac{X-62}{10} < z_{0.25}\right) = 0.25$，$\Pr\left(\dfrac{X-62}{10} < z_{0.75}\right) = 0.75$ なので，それぞれ $\Pr(X < 62 + 10z_{0.25}) = 0.25$，$\Pr(X < 62 + 10z_{0.75}) = 0.75$ となる．四分位範囲は

$$62 + 10z_{0.75} - (62 + 10z_{0.25}) = 10(z_{0.75} - z_{0.25})$$

である．

```
35  62 + 10*norm.ppf(0.75) - (62 + 10*norm.ppf(0.25))
36  >> 13.489795003921635
```

3.4.1 正規乱数

　正規分布に従う乱数を正規乱数という．正規乱数は rvs() を使って以下のように作ることができる．標準正規分布 $N(0,1)$ に従う正規乱数を 100 個生成するときには，norm.rvs(size=100) と入力する．

```
1  from scipy.stats import norm
2  x = norm.rvs(size=100)
3  print(x)
4  >> [ 0.37733437 -0.62827545  ...  0.46523751 -0.4402255 ]
```

　上の 100 個の正規乱数のヒストグラムを作るには，ある区間に入っている個数（頻度）を書く場合と，ヒストグラムの面積を 1 とした密度にする場合との 2 種類がある．図 3.5 は頻度の場合のヒストグラムであり，図 3.6 は密度の場合のヒストグラムである．縦軸の目盛が異なることがわかる．hist() のオプションの density はデフォルトで

はFalseであり，頻度のヒストグラムを描くが，density=True として 密度でのヒストグラムを描く．

```
1  plt.hist(x,bins=10)
2  >>  (省略)
3
4  plt.hist(x,bins=10, density=True)
5  >>  (省略)
```

標準正規分布の密度関数は normal.pdf を使って，図 3.7 のように表すことができる．図 3.5 と図 3.6 を比べると，図 3.6 の方が図 3.7 との縦軸との目盛が等しくなり，図 3.6 と図 3.7 は重ねることができる．

```
1  px = np.linspace(min(x)-1,max(x)+1,1000)
2  plt.plot(px, norm.pdf(px))
3  plt.hist(x,bins=10, density=True)
4  >>  (省略)
```

```
1  px = np.linspace(min(x)-1,max(x)+1,1000)
2  plt.plot(px, norm.pdf(px))
```

正規乱数の個数を 100 個から 10000 個に増やしたとき．10000 個のヒストグラムと密度を重ね合わせたものが図 3.9 である．図 3.9 の方が図 3.8 よりも，$N(0,1)$ の密度の曲線に合っていることがわかる．乱数の個数を 10^6 個，10^8 個と増やしていき，単位区間の幅も小さくしていくと，密度のヒストグラムは $N(0,1)$ の密度である図 3.7 に近づいていく．これは区分求積法の考え方から正当化できるが，要は，無限個の標準正規乱数が作る密度のヒストグラムが，図 3.7 に対応すると考えて良い．

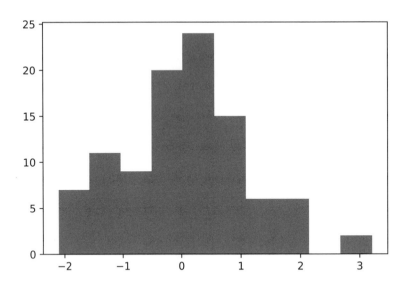

図3.5　100個の標準正規乱数の頻度を用いたヒストグラム

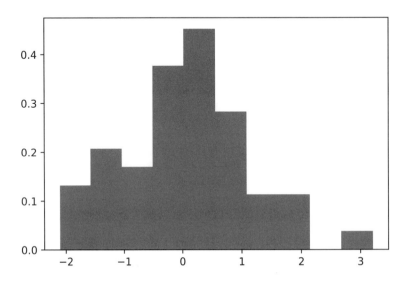

図3.6　100個の標準正規乱数の密度を用いたヒストグラム

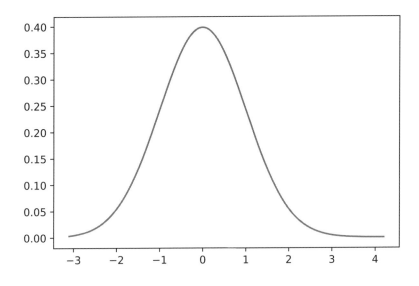

図 3.7 標準正規分布の密度関数

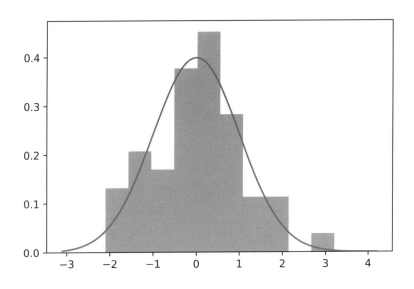

図 3.8 $N(0,1)$ の正規乱数 100 個のヒストグラムと密度との重ね合わせ

```
1  x = norm.rvs(size=10000)
2  plt.hist(x,bins=100, density=True)
3  px = np.linspace(min(x)-1,max(x)+1,1000)
4  plt.plot(px, norm.pdf(px))
```

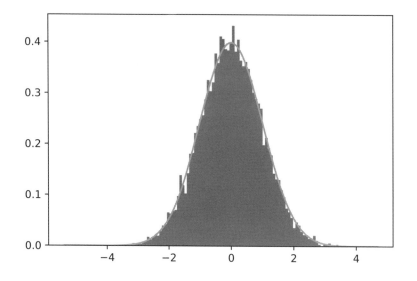

図 3.9 $N(0,1)$ の正規乱数 10000 個のヒストグラムと密度との重ね合わせ

3.5 一様分布と一様乱数

確率変数 X が区間 (a,b) 上の値を等確率でとるとき，その密度関数は

$$f(x) = \begin{cases} \dfrac{1}{b-a} & a < x < b \\ 0 & \text{その他のとき} \end{cases}$$

で与えられる．この密度関数をもつ分布を区間 (a,b) 上の一様分布といい，$U(a,b)$ で表す．ただし，$a < b$ である．

　一様分布に従う乱数を一様乱数といい，一様乱数はさまざまな分布の乱数を作る際に基本となるものである．

```
1  from scipy.stats import uniform
2  import matplotlib.pyplot as plt
3  %matplotlib inline
4
5  import numpy as np
```

scipy.stats.uniform で $U(0,1)$ の乱数を 10 個(size=10)作成する．

```
1  ux = uniform.rvs(size = 10)
2  print(ux)
3  >>
4  [0.86924458 0.23117226 0.41989328 0.55152755 0.14277913
5   0.29774674 0.54070228 0.40555204 0.06454026 0.21510287]
```

　次に，$U(0,1)$ の乱数を 10000 個(size=10)作成し，頻度のヒストグラムを図 3.11 に，密度のヒストグラムを図 3.11 に示す．

```
1  ux = uniform.rvs(size = 10000)
2  plt.hist(ux,bins=10)
3  >>
```

```
4   (array([ 971., 1046., ..., 998.]),
5    array([3.46558292e-05, ..., 9.99973341e-01]),
6    <a list of 10 Patch objects>)
```

```
1   len(ux)
2   >> 10000
3
4   plt.hist(ux,bins=10,density=True)
5   >>
6   (array([0.99506469, ..., 1.00306521]),
7    array([4.18058722e-05, ..., 9.99976797e-01]),
8    <a list of 10 Patch objects>)
```

3.6 確率変数の和の分布と中心極限定理

n 個の確率変数 $X_1, \dots, X_n$ が独立であり，平均 μ と分散 σ^2 をもつある分布 $F(\mu, \sigma^2)$ に従うとする．このとき，標本平均 $\overline{X} = \frac{1}{n} \sum_{i=1}^{n} X_i$ を標準化した

$$Z = \frac{\overline{X} - \mu}{\sqrt{\sigma^2/n}} \tag{3.4}$$

は標準正規分布 $N(0, 1)$ に分布収束する．この定理を中心極限定理という．分布収束の定義は述べないが，中心極限定理は，n が十分大きいときに標本平均を標準化した確率変数 Z が $N(0, 1)$ に近似的に従うと考えればよい．

では，n 個の確率変数 $X_1, \dots, X_n$ が独立であり，一様分布 $U(0, 1)$ に従う場合に中心

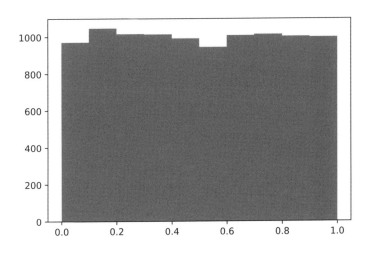

図3.10 10^4 個の一様乱数の頻度のヒストグラム

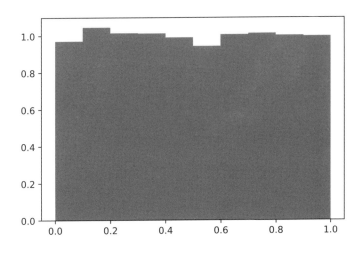

図3.11 10^4 個の一様乱数の密度のヒストグラム

極限定理を考えてみる．まずは一様分布の平均と分散を求めてみる．$X \sim U(0,1)$ のとき，平均 $E(X)$ は

$$E(X) = \int_0^1 x dx = \left[\frac{1}{2}x^2\right]_0^1 = \frac{1}{2}$$

となる．分散を求めるために $E(X^2)$ を計算して

$$E(X^2) = \int_0^1 x^2 dx = \left[\frac{1}{3}x^3\right]_0^1 = \frac{1}{3}$$

となる．したがって，分散 $\mathrm{Var}(X)$ は

$$\mathrm{Var}(X) = \frac{1}{3} - \left(\frac{1}{2}\right)^2 = \frac{1}{12}$$

となる．`uniform.stats` で平均と分散の値をみると確かに 0.5 と $1/12 \approx 0.0833$ となっている．

```
from scipy.stats import uniform
uniform.stats(moments="mv")
>> (0.5, 0.08333333333333333)
1/12
>> 0.08333333333333333
```

n 個の確率変数 $X_1, \ldots, X_n$ が

$$X_1, \ldots, X_n \sim U(0,1) : \text{i.i.d.} \tag{3.5}$$

であるとき，標本平均 $\overline{X} = \frac{1}{n}\sum_{i=1}^n X_i$ の平均 $E(\overline{X})$ と分散 $\mathrm{Var}(\overline{X})$ を求めると

$$E(\overline{X}) = \frac{1}{2} \quad \mathrm{Var}(\overline{X}) = \frac{1}{12n} \tag{3.6}$$

となる．なお，(3.5) の i.i.d は independently and identically distributed の略であり，$X_1, \ldots, X_n$ が独立に同一の分布に従うことを意味する．

次に乱数を使った数値実験，モンテカルロ実験で中心極限定理を見てみる．$n = 12$ の場合で $\overline{X}$ を 10000 個発生させ，(3.6) で標準化した

$$Z = \frac{\overline{X} - 1/2}{\sqrt{\frac{1}{12n}}} \tag{3.7}$$

と標準正規分布 $N(0, 1)$ の密度関数とを比べてみる．(3.7) の変換を行うための関数 mystandized を python で作る．

```
6  import matplotlib.pyplot as plt
7  import numpy as np
8
9  def mystandized(x, mu, sig):
10   return (x - mu)/sig
11
12 #n=12のとき，barXを10個つくる
13 n=12
14 u12 = [mystandized(
15    sum(uniform.rvs(size=n))/n,  0.5
16    ,1/np.sqrt(12*n)) for _ in range(10)]
17 print(u12)
18 >>
19 [0.5066864298727869, -0.45825792456894554, ...,
20  0.452516733713892]
```

$n = 12$ で (3.7) を 10000 個発生させた Z の実現値のヒストグラムが図 3.12 である．

```
1  #n=12のとき barXを10000個つくる
```

```
2  n=12
3  u12 = [mystandized(
4      sum(uniform.rvs(size=n))/n,  0.5
5      ,1/np.sqrt(12*n))
6      for _ in range(10000)]
7  plt.hist(u12, density=True)
8  >> ...
```

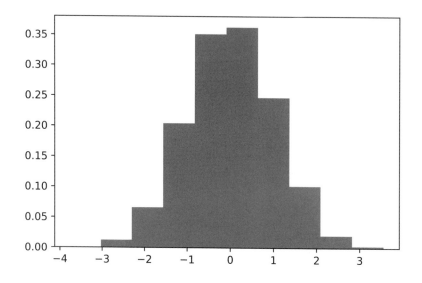

図 3.12　(3.7) の Z に対する 10000 個のヒストグラム

　図 3.12 ではヒストグラムのビン幅が荒いので，ビン数を 100 としてヒストグラムを

書き直し，標準正規分布の密度関数と重ねた図が図 3.13 である.

```
1  from scipy.stats import norm
2  px = np.linspace(min(u12)-1,max(u12)+1,1000)
3  plt.hist(u12,bins=100, density=True)
4  plt.plot(px, norm.pdf(px))
```

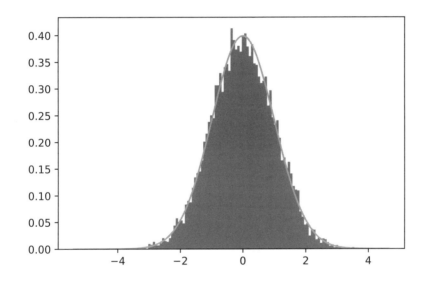

図 3.13 (3.7) の Z に対する 10000 個のヒストグラム（$n = 12$）と標準正規分布の密度関数

$n = 1200$ として，1200 個の平均を標準化した Z の分布を見てみる.

```
1  #n=1200のときbarXを10000個つくる
2  n=1200
```

```
3  u12 = [mystandized(
4      sum(uniform.rvs(size=n))/n,   0.5
5      ,1/np.sqrt(12*n))
6      for i in range(10000)]
7  px = np.linspace(min(x)-1,max(x)+1,1000)
8  plt.hist(u12,bins=100, density=True)
9  plt.plot(px, norm.pdf(px))
```

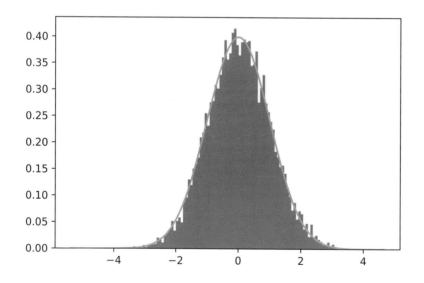

図 3.14　(3.7) の Z に対する 10000 個のヒストグラム（$n = 1200$）と標準正規分布の密度関数

　図 3.13 から，12 個の和 Z の 10000 個の実現値で作られるヒストグラムが正規分布 $N(0,1)$ の密度関数と重なっており，中心極限定理が成立している様子がわかる．本来，

中心極限定理で扱う和の数 n は十分大きく取る必要があるが，今回のように比較的小さい数の $n = 12$ 程度でも図 3.13 でみるように正規分布で十分に近似できている場合もある．

3.7　その他の離散分布

3.7.1　ポアソン分布

ポアソン分布とは，単位時間あたりに平均 λ 回起きる事象が x 回起きる離散分布のことである．1 時間あたりにお店に来る人数，1 日あたりに商品が売れる個数，1 ヶ月あたりの交通事故の件数などのモデル化に利用される．ポアソン分布に従う確率変数 X は，実現値 $0, 1, 2 \ldots,$ の値をとり，$X = x$ となる確率が

$$\Pr(X = x) = \frac{\lambda^x e^{-\lambda}}{x!}$$

で与えられる．ただし，パラメータ λ は $\lambda > 0$ であり X の期待値になる．確率関数 $f(x) = \Pr(X = x)$ のすべての x に関する和をとると 1 になる．このことは，e^λ のテーラー展開が

$$e^\lambda = 1 + \lambda + \frac{\lambda^2}{2!} + \frac{\lambda^3}{3!} + \cdots = \sum_{x=0}^{\infty} \frac{\lambda^x}{x!}$$

であることを利用して

$$\sum_{x=0}^{\infty} f(x) = e^{-\lambda} \sum_{x=0}^{\infty} \frac{\lambda^x}{x!} = e^{-\lambda} e^\lambda = 1 \tag{3.8}$$

となることから正当化される．期待値 $E(X)$ は λ であるが，(3.8) と同様の計算により

$$E(X) = \sum_{x=0}^{\infty} x f(x) = e^{-\lambda} \sum_{x=0}^{\infty} x \frac{\lambda^x}{x!} = e^{-\lambda} \sum_{x=1}^{\infty} \frac{\lambda^x}{(x-1)!} = \lambda e^{-\lambda} \sum_{x=1}^{\infty} \frac{\lambda^{(x-1)}}{(x-1)!} = \lambda$$

のように計算できる．分散を求める際には $E\{X(X-1)\}$ を計算して

$$E\{X(X-1)\} = \sum_{x=0}^{\infty} x(x-1)f(x) = \lambda^2 e^{-\lambda} \sum_{x=2}^{\infty} \frac{\lambda^{(x-2)}}{(x-2)!} = \lambda^2$$

となること，および $\mathrm{Var}(X) = E\{X(X-1)\} + E(X) - \{E(X)\}^2$ であることから，分散は

$$\mathrm{Var}(X) = \lambda^2 + \lambda - \lambda^2 = \lambda$$

となる．つまり，平均 λ のポアソン分布の分散は，平均 λ と等しくなる．

ポアソン分布を利用できるようにするために scipy.stats から poisson をインポートする．

```
1  from scipy.stats import poisson
```

問題 3.7.1 あるお店の来客数は1時間あたり平均5人の来客があり，ポアソン分布に従うとする．

1. この店で，1時間あたり8人のお客が来る確率を求めよ．
2. この店で，1時間あたり8人以上のお客が来る確率を求めよ．

平均 λ のポアソン分布を $\mathrm{Po}(\lambda)$ と書くと，1. では確率変数 X を $X \sim \mathrm{Po}(5)$ とするときの $\mathrm{Pr}(X=8)$ を求めればよい．

```
2  poisson(5).pmf(8)
3  >> 0.06527803934815865
```

2. では，$\mathrm{Pr}(X \geq 8) = \sum_{x=9}^{\infty} \mathrm{Pr}(X=x)$ を求めることになるが，$\mathrm{Pr}(X \geq 8) = 1 - \sum_{x=1}^{7} \mathrm{Pr}(X=x)$ を利用するとよい．

```
4  1 - sum([poisson(5).pmf(x) for x in range(8)])
```

3.7.2 幾何分布と負の二項分布

成功確率 $p(0 < p < 1)$ の独立なベルヌーイ試行において，初めて成功するまでに起こる失敗の回数を X とする．この確率変数 X の分布を幾何分布という．確率関数 $P(X = x)$ は，$q = 1 - p$ として

$$\Pr(X = x) = pq^x, \quad x = 0, 1, 2, \ldots$$

となる．失敗の確率 q が $0 < q < 1$ であることに注意すると，等比級数の公式 $\sum_{x=0}^{\infty} q^x = 1/(1 - q) = 1/p$ により

$$\sum_{x=0}^{\infty} \Pr(X = x) = p \times 1/p = 1$$

であることがわかる．期待値の求め方は技巧的であるが次のように求めることができる．まず関数 $g(q)$ を $g(q) = \sum_{x=1}^{\infty} xq^{x-1}$ とおく．$g(q)$ を q で積分し，再度 q で微分することで

$$G(q) = \int g(q)dq = \sum_{x=1}^{\infty} \int xq^{x-1}dq = \sum_{x=1}^{\infty} q^x = \frac{q}{1-q}$$

$$g(q) = \frac{d}{dq}G(q) = \frac{(1-q)+q}{(1-q)^2} = \frac{1}{(1-q)^2}$$

よって幾何分布の平均 $E(X)$ は

$$E(X) = \sum_{x=0}^{\infty} x \Pr(X = x) = pq \sum_{x=1}^{\infty} g(q) = \frac{pq}{(1-q)^2} = \frac{q}{p}$$

となる．分散を求めるには $E\{X(X-1)\}$ の計算を $g(q) = \sum_{x=2}^{\infty} x(x-1)q^{x-2}$ とおいて2回積分して

$$\sum_{x=0}^{\infty} q^x = \frac{1}{1-q}$$

を導き，2 回微分することで $g(q) = 2(1-q)^{-3}$ を得ることができる．したがって X の分散は $\mathrm{Var}(X) = E\{X(X-1)\} + E(X) - \{E(X)\}^2$ であることから

$$\mathrm{Var}(X) = pq^2 \frac{2}{p^3} + \frac{q}{p} - \frac{q^2}{p^2} = \frac{q(p+q)}{p^2} = \frac{q}{p^2}$$

となる．

　なお，「初めて成功するまでの試行回数 W の分布」を幾何分布と呼ぶこともある．その場合は，これまでに述べてきた幾何分布に従う X に対し，$W = X + 1$ の分布を考えればよい．

　「最初の成功が起こるのは t 時間より後である」という事象は，$\{X \geq t\}$ と書くことができる．また，「s 時間より前までは成功していないという条件の下で，それよりさらに t 時間より後に最初の成功が起こる」という事象は条件付きの事象として $\{X \geq s + t \mid X \geq s\}$ と書くことができる．それらの事象の幾何分布を求めると

$$\mathrm{Pr}(X \geq t) = \sum_{x=t}^{\infty} p(1-p)^x = (1-p)^t$$

であるから，条件付き確率の計算により

$$\mathrm{Pr}(X \geq s + t \mid X \geq s) = \frac{\mathrm{Pr}(X \leq s + t, X \leq s)}{\mathrm{Pr}(X \leq s)} = \frac{\mathrm{Pr}(X \leq s + t)}{\mathrm{Pr}(X \leq s)}$$
$$= \frac{(1-p)^{s+t}}{(1-p)^s} = (1-p)^t$$

となる．この確率は s に依存せず

$$\mathrm{Pr}(X \geq s + t \mid X \geq s) = \mathrm{Pr}(X \geq t)$$

となるので，幾何分布では，「ある時間より前に成功していない」という条件は「その後のいつに成功が起きるか」ということに全く影響しない．この性質を幾何分布の無記憶性という．

成功の確率が p であるベルヌーイ試行を独立に行うとき，n 回の成功が達成されるまでに要した失敗の回数を X とする．この確率変数 X の値が x のとき，試行回数 $n + x$ のうちの最後は成功であり，それを除いた $n + x - 1$ の試行に $n - 1$ 回の成功が入る組み合わせを考えると，確率関数は

$$f(x) = \binom{n + x - 1}{n - 1} p^n (1 - p)^x \quad x = 0, 1, 2, \dots$$

となる．ただし，$0 < p < 1$ である．この X の従う分布をパラメータ n, p の負の二項分布という．

　Python で負の二項分布を利用するには scipy.stats の nbinom を利用する．

```
from scipy.stats import nbinom
```

　成功が起きる確率 p が $p = 0.5$ で $n = 3$ として 3 回の成功が達成されるまでに要した失敗の個数 X の確率関数のグラフを図 3.15 に示す．

```
n, p = 3, 0.5
x = np.arange(nbinom.ppf(0.01, n, p),
              nbinom.ppf(0.99, n, p))
fig, ax = plt.subplots(1, 1)
ax.plot(x, nbinom.pmf(x, n, p), 'ko', ms=8, label='nbinom
↪   pmf')
ax.vlines(x, 0, nbinom.pmf(x, n, p), colors='k')
plt.show()
```

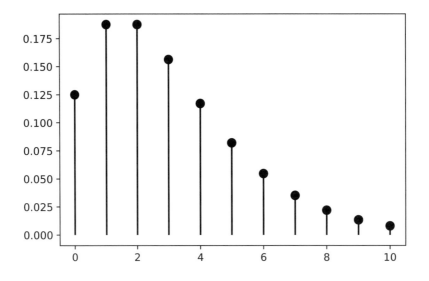

図 3.15 $p = 0.5, n = 3$ の負の二項分布の確率関数

3.7.3 二項分布のポアソン分布近似

平均 $\lambda > 0$ のポアソン分布の確率関数は

$$f(x) = e^{-\lambda} \frac{\lambda^x}{x!} \quad (\lambda > 0, x = 0, 1, 2, \dots)$$

である．また，二項分布 $\mathrm{Bin}(n, p)$ の確率関数は，

$$g(x) = \binom{n}{x} p^x (1-p)^x \quad (x = 0, 1, 2, \dots, n)$$

である．ここで np を一定値 λ としたまま，$n \to \infty$ としたとき，二項分布はポアソン分布に分布収束する．つまり，$\lambda = np$ を保ったまま $n \to \infty$ としたとき

$$f(x) \to p(x)$$

となる．このことは以下のように示すことができる．

$$g(x) = \frac{n(n-1)\cdots(n-x+1)}{x!}p^x(1-p)^{n-x} \tag{3.9}$$

$$= \frac{n^x(1-1/n)\cdots(1-(x+1)/n)}{x!}p^x(1-p)^{n(1-x/n)} \tag{3.10}$$

であるので，n が十分大きければ p はゼロに近いことから

$$g(x) \approx \frac{n^x}{x!}p^x(1-p)^n = \frac{(np)^x}{x!}(1-p)^n$$

となる．$\lambda = np$ と

$$\lim_{n\to\infty}\left(1+\frac{1}{n}\right)^n = e$$

を用いると

$$g(x) \approx \frac{\lambda^x}{x!}\left(1-\frac{\lambda}{n}\right)^x \approx \frac{\lambda^x}{x!}e^{-\lambda}$$

となる．二項分布のポアソン分布近似は，ポアソン分布の実用的な意味を表している．np が一定であるので n が十分大きくなると p は小さくなる．つまり，かなり小さい確率 p で起きる事象に対して，大量に n 回観測したときの当該事象の発生回数がポアソン分布に従うと解釈できる．交通事故などのいろいろな事故は，大量に観測される中でかなり小さい確率 p で起きている事象の例である．

3.8　正規分布に関連した連続分布

統計的推測においては母集団に正規分布が仮定されることが多い．以下のカイ2乗分布（χ^2 分布），t 分布，F分布は正規分布から派生する分布として，統計的推測で重要な分布である．

3.8.1 カイ 2 乗分布

標準正規分布 $N(0,1)$ に従うサイズ n の無作為標本

$$X_1, \ldots, X_n \sim N(0,1) : \text{i.i.d.}$$

に対して

$$Y = \sum_{i=1}^{n} X_i^2 \tag{3.11}$$

の従う分布を自由度 n のカイ 2 乗分布といい，自由度 n のカイ 2 乗分布を $\chi^2(n)$ で表す．この密度関数は

$$f(y) = \frac{1}{2^{n/2}\, \Gamma(n/2)} y^{n/2-1} e^{-y/2}$$

である．ただし，$\Gamma(a)$ は，$a > 0$ で定義されるガンマ関数であり

$$\Gamma(a) = \int_0^\infty t^{a-1} e^{-t} dt$$

である．自由度 n のカイ 2 乗分布 $\chi^2(n)$ の期待値と分散はそれぞれ，

$$E(Y) = n, \quad \text{Var}(Y) = 2n$$

である．

自由度が 1,2,3,5 の χ^2 分布の密度関数を図 3.16 に示す．

```python
from scipy.stats import chi2
import matplotlib.pyplot as plt
import numpy as np

x1 = np.arange(0, 10, 0.01)
```

```
 6 │ y1 = chi2.pdf(x = x1,df = 1)
 7 │ y2 = chi2.pdf(x = x1,df = 2)
 8 │ y3 = chi2.pdf(x = x1,df = 3)
 9 │ y5 = chi2.pdf(x = x1,df = 5)
10 │
11 │ plt.plot(x1, y1, label = 'df = 1')
12 │ plt.plot(x1, y2, label = 'df = 2')
13 │ plt.plot(x1, y3, label = 'df = 3')
14 │ plt.plot(x1, y5, label = 'df = 5')
15 │ plt.ylim(0,0.5)
16 │ plt.legend()
17 │ plt.show()
```

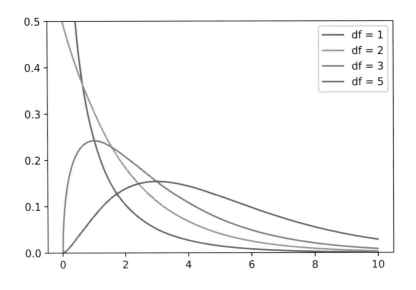

図3.16 χ^2 分布の密度関数 (自由度:1,2,4,5)

χ^2 分布は, 自由度が小さい時には右へのゆがみが強いが, 自由度が大きくなるにつれて平均である自由度の周りで左右対称な分布に近づいていく. なお, 上のプログラムでは, グラフを描く plot 関数を 4 回使っているので, 以下のように for 文を使った繰り返し処理にしてもよい.

```python
x = np.arange(0, 10, 0.01)
for d in (1, 2, 3, 5):
    y = chi2.pdf(x = x1,df = d)
    plt.plot(x, y, label = 'df = '+str(d))
plt.ylim(0,0.5)
plt.legend()
```

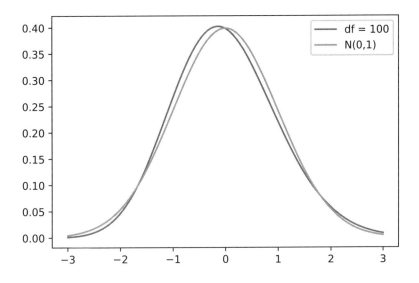

図 3.17 自由度 100 の χ^2 分布と $N(0,1)$ の密度関数の比較

```
24  plt.show()
```

　自由度 n のカイ 2 乗分布に従う確率変数 Y は，(3.11) から独立な確率変数 X_i^2 の和であることがわかる．したがって中心極限定理により，n が十分大きいときカイ 2 乗分布は正規分布に分布収束する．特に Y の平均と分散を，それぞれ 0 と 1 にするように標準化した $\dfrac{Y-n}{\sqrt{2n}}$ は $N(0,1)$ に分布収束する．Python で $n=100$ のときの $\chi^2(100)$ と $N(100, 200)$ グラフを重ねたものを図 3.17 に示し，そのためのプログラムを以下に示す．

```
25  w = np.linspace(-3,3,100)
26  n = 100
```

```
27  y1 = n + w* np.sqrt(2 * n)
28  g = np.sqrt(2 * n)*chi2.pdf(y1,df = n)
29  y2 = norm.pdf(w)
30  plt.plot(w, g, label = 'df = '+str(n))
31  plt.plot(w, y2, label = 'N(0,1)')
32  plt.legend()
33  plt.show()
```

ここで，$Y \sim \chi^2(n)$ で，Y の密度関数を $f(y)$ として，確率変数 W を

$$W = \frac{Y - n}{\sqrt{2n}}$$

とおく．このとき W の密度関数 $g(w)$ は，$w \geq 0$ において

$$g(w) = f(y)\, \frac{dy}{dw} = \sqrt{2n}\, f(\sqrt{2n}w + n) \tag{3.12}$$

となる．図 3.17 を作成する上のプログラムは (3.12) の式に基づいている．

3.8.2 t 分布

$Z \sim N(0,1), Y \sim \chi^2(n)$ で，これらが互いに独立のとき，

$$T = \frac{Z}{\sqrt{\frac{Y}{n}}}$$

が従う分布を自由度 n の t 分布といい，$t(n)$ で表す．自由度 n の t 分布の密度関数は以下の通りである．

$$f(t) = \frac{\Gamma(\frac{n+1}{2})}{\sqrt{\pi}\Gamma(\frac{n}{2})\sqrt{n}} \left(1 + \frac{t^2}{n}\right)^{-\frac{n+1}{2}}$$

また，$T \sim t(n)$ の平均，分散，歪度は以下の通りである．

$$E(T) = 0 \quad (n > 1), \quad \mathrm{Var}(T) = \frac{n}{n-2} \quad (n > 2), \quad \beta_1(T) = 0 \quad (n > 3)$$

$n = 1$ のとき，平均は存在せず，$n = 1, 2$ のとき分散は存在しない．$n = 1, 2, 3$ のとき歪度は存在しない．また，正規分布の尖度を3とする尖度の定義 (3.1) による T の尖度は

$$\beta_2(T) = \frac{6}{n-4} \quad (n > 4)$$

であり，$n = 1, \ldots, 4$ では $\beta_2(T)$ は存在しない．図 3.18 に自由度が 1,3,5,20,30 のときの密度関数を示す．合わせて，平均，分散，歪度，尖度の値も python で次のように計算する．

```
34  from scipy.stats import t
35
36  for d in (1, 3, 5, 20, 30):
37      mean, var, skew, kurt = t(d).stats(moments='mvsk')
38      print("deg ={}, mean={}, var={:.2f}, skew={},
        ↪  kurt={:.3f} ".format(d,mean, var, skew, kurt) )
39  >>
40  deg =1, mean=inf, var=nan, skew=nan, kurt=nan
41  deg =3, mean=0.0, var=3.00, skew=nan, kurt=inf
42  deg =5, mean=0.0, var=1.67, skew=0.0, kurt=6.000
43  deg =20, mean=0.0, var=1.11, skew=0.0, kurt=0.375
44  deg =30, mean=0.0, var=1.07, skew=0.0, kurt=0.231
```

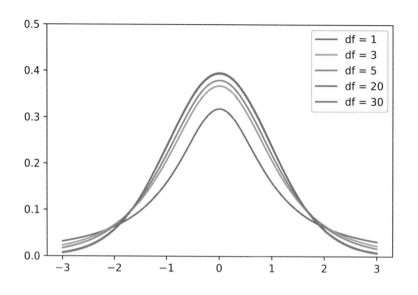

図 3.18　t 分布の密度関数 (自由度:1,3,5,20,30)

　自由度が 1，3，5 と大きくなるにつれて，裾が軽くなっていき尖度の値もゼロへ近づく様子が上の計算と図 3.18 から見てとれる．自由度が 20 と 30 では，t 分布の密度関数の図はほぼ重なっている．t 分布は標準正規分布と同様に奇数次のモーメントがゼロであり，上の計算でも平均と歪度がゼロである．分散と尖度は，自由度が大きくなるにつれてそれぞれ，1 と 0 に収束するように見える．分散と尖度の値を自由度が 2 から 50 までの偶数に対して計算してみる．

```
45  for d in range(6, 51,2):
46      var, kurt = t(d).stats(moments='vk')
47      print("deg ={}, var={:.3f},  kurt={:.3f} ".format(d,
        ↪  var, kurt) )
```

```
48  >>
49  deg=6,  var=1.500,  kurt=3.000
50  deg=8,  var=1.333,  kurt=1.500
51  deg=10, var=1.250,  kurt=1.000
52     .
53     .
54     .
55  deg =46, var=1.045,  kurt=0.143
56  deg =48, var=1.043,  kurt=0.136
57  deg =50, var=1.042,  kurt=0.130
```

徐々に分散は 1 に，尖度はゼロに近づいていく様子が見てとれる．理論的にも $n \to \infty$ のとき，t 分布の密度関数は，$N(0,1)$ の密度関数に収束する．証明を付録 A.1.1 に示す．

問題 3.8.1 t 分布と χ^2 は自由度 n が十分大きければ正規分布で近似できる．二つの確率変数 T と Y が，$T \sim t(20)$ と $Y \sim \chi^2(20)$ のとき，T と $\dfrac{Y-n}{\sqrt{2n}}$ はどちらが標準正規分布に近いか考察しなさい．

まず，$N(0,1)$，$T \sim t(20)$ と $Y \sim \chi^2(20)$ を標準化した $W = \dfrac{Y-n}{\sqrt{2n}}$ の密度関数のグラフを描く．

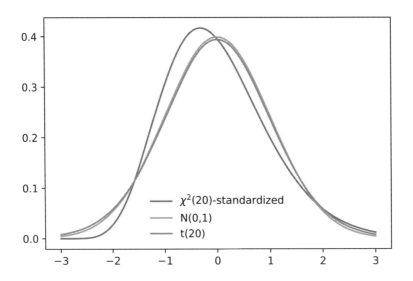

図 3.19 $N(0,1)$, $T \sim t(20)$ と, $Y \sim \chi^2(20)$ の標準化の密度関数比較

$N(0,1)$ と $T \sim t(20)$ は重なっていて, W よりも T の方が正規分布に近いことがわかる. さらに, 平均, 分散, 歪度, 尖度を計算してみると

```
58  d=20
59  for dist, label in zip((norm, chi2(d),t(d)), ("N", "Chi2",
    ↪   "T")):
60      mean, var, skew, kurt = dist.stats(moments='mvsk')
61      print("{:4}: mean={}, var={:.2f}, skew={:.3f},
        ↪   kurt={:.3f} ".format(label, mean, var, skew, kurt) )
62  >>
```

```
63  N    : mean=0.0, var=1.00, skew=0.000, kurt=0.000
64  Chi2: mean=20.0, var=40.00, skew=0.632, kurt=0.600
65  T    : mean=0.0, var=1.11, skew=0.000, kurt=0.375
```

となる. Y の平均と分散は 20 と 40 であるが, 標準化した W では 0 と 1 である. 一方, 尖度と歪度は無単位量であるので

$$\beta_1(T) = \beta_1(W) \quad \beta_2(Y) = \beta_2(W)$$

が成り立ち, W の歪度と尖度は, 0.632 と 0.600 である. したがって, $N(0,1), T, W$ の尖度と歪度を比較しても T が W よりも標準正規分布に近いことがわかる.

3.8.3 F 分布

二つの確率変数 Y_1 と Y_2 が独立で, それぞれ自由度 n_1 と n_2 の χ^2 分布に従うとする. つまり

$$Y_1 \sim \chi^2(n_1) \quad Y_2 \sim \chi^2(n_2)$$

である. このとき, 以下で定義される X:

$$X = \frac{Y_1/n_1}{Y_2/n_2} \tag{3.13}$$

が従う分布を自由度 (n_1, n_2) の F 分布といい, 自由度 (n_1, n_2) の F 分布を $F(n_1, n_2)$ で表す. $F(n_1, n_2)$ の密度関数は

$$f(x) = \frac{1}{B(n_1/2, n_2/2)} \frac{(n_1/n_2)^{\frac{n_1}{2}} x^{\frac{n_1}{2}-1}}{\left(1 + \frac{n_1}{n_2}x\right)^{\frac{n_1+n_2}{2}}}, \quad x > 0$$

である．ここで，$B(a,b)$ は，$a>0$，$b>0$ で定義されるベータ関数であり

$$B(a,b) = \int_0^1 t^{a-1}(1-b)^{b-1}dt$$

である．なお，ベータ関数とガンマ関数には

$$B(a,b) = \frac{\Gamma(a)\Gamma(b)}{\Gamma(a+b)}$$

の関係がある．

　Python で F 分布を利用するために scipy.stats の f をインポートする．F 分布 $F(n_1, n_2)$ について，n_2 を $n_2 = 10$ で固定し n_1 を $n_1 = 1, 5, 10, 20, 50$ としたときの密度関数のグラフを図 3.20 に示す．逆に n_1 を $n_1 = 10$ で固定し，n_2 を $n_2 = 1, 5, 10, 20, 50$ としたときの密度関数のグラフを図 3.21 に示す．

```python
from scipy.stats import f
x1=np.linspace(0, 3, 100)
n1= 10
n2 = 10
for n1 in (1, 5, 10, 20, 50):
    y1 = f.pdf(x1, n1, n2)
    plt.plot(x1, y1, label = 'df='+str(n1)+', '+str(n2))
    plt.ylim(0, 1.0)
plt.legend(frameon=False)
plt.show()

n1= 10
n2 = 10
for n2 in (1, 5, 10, 20, 50):
    y1 = f.pdf(x1, n1, n2)
```

```
81      plt.plot(x1, y1, label = 'df='+str(n1)+', '+str(n2))
82      plt.ylim(0, 1.0)
83  plt.legend(frameon=False)
84  plt.show()
```

$X \sim F(n_1, n_2)$ の平均と分散は以下の通りである.

$$E(X) = \frac{n_2}{n_2 - 2} \quad (n_2 > 2), \quad \mathrm{Var}(X) = 2\left(\frac{n_2}{n_2 - 2}\right)^2 \frac{n_1 + n_2 - 2}{n_1(n_2 - 4)} \quad (n_2 > 4)$$

また,他の基本統計量として,中央値は

$$\frac{(n_1 - 2)n_2}{n_1(n_2 + 2)} \quad (n_2 > 2)$$

であり,歪度 $\beta_1(X)$ と尖度 $\beta_2(X)$ は以下の通りである.

$$\beta_1(X) = \frac{2\sqrt{2}(2n_1 + n_2 - 2)\sqrt{n_2 - 4}}{\sqrt{n_1(n_1 + n_2 - 2)}(n_2 - 6)} \quad (n_2 > 6)$$

$$\beta_2(X) = \frac{12\left\{(n_2 - 2)^2(n_2 - 4) + n_1(n_1 + n_2 - 2)(5n_2 - 22)\right\}}{n_1(n_2 - 6)(n_2 - 8)(n_1 + n_2 - 2)} \quad (n_2 > 8)$$

である.

F 分布 $F(n_1, n_2)$ の定義 (3.13) から,$1/X$ は自由度が逆転した F 分布 $F(n_2, n_1)$ に従う.また,t 分布の定義から,$T \sim t(n)$ のとき T^2 は

$$T^2 = F(1, n)$$

となる.なぜならば,$Z \sim N(0, 1), Y \sim \chi^2(n)$ として Z と Y が独立とすると $T = \dfrac{Z}{\sqrt{Y/n}}$ であり

$$Z^2 \sim \chi^2(1) \qquad T^2 = \frac{Z^2}{Y/n} \sim F(1, n)$$

となるからである.

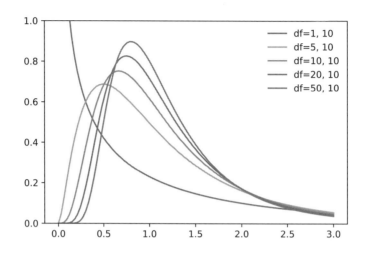

図 3.20 $n_2 = 10$ で固定し $n_1 = 1, 5, 10, 20, 50$ での F 分布の密度関数

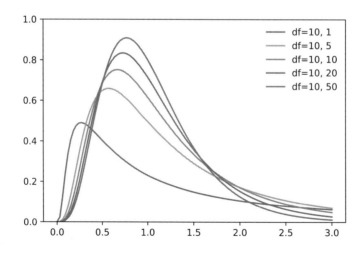

図 3.21 $n_1 = 10$ で固定し $n_2 = 1, 5, 10, 20, 50$ での F 分布の密度関数

3.9　その他の連続分布

3.9.1　ガンマ分布

$a > 0, b > 0$ とするとき，ガンマ関数 $\Gamma(a)$ は

$$\Gamma(a) = \int_0^\infty x^{a-1} e^{-x} dx \quad (a > 0)$$

で定義され，ベータ関数 $B(a, b)$ は

$$B(a, b) = \int_0^1 x^{a-1}(1-x)^{b-1} dx$$

で定義される．また，ガンマ関数 $\Gamma(a)$ とベータ関数 $B(a, b)$ には関係式

$$B(a, b) = \frac{\Gamma(a)\,\Gamma(b)}{\Gamma(a+b)} \tag{3.14}$$

が成り立つ．形状パラメータ $a > 0$, 尺度パラメータ $b > 0$ のガンマ分布 $\mathrm{Gam}(a, b)$ が定義できる．ガンマ分布 $\mathrm{Gam}(a, b)$ の密度関数は

$$f(x \mid a, b) = \frac{1}{\Gamma(a)\,b^a} x^{a-1} \exp(-x/b), \quad x > 0$$

である．また，$a = \frac{n}{2}$, $b = 2$ のとき $\mathrm{Gam}(n/2, 2)$ は自由度 n の χ^2 分布となる．

$$\chi^2(n) = \mathrm{Gam}(n/2, 2)$$

確率変数 X が $X \sim \mathrm{Gam}(a, b)$ のとき，X の平均，分散，歪度，尖度は以下の通りである．

$$E(X) = ab \quad \mathrm{Var}(X) = ab^2 \quad \beta_1(X) = \frac{2}{\sqrt{a}} \quad \beta_2(X) = \frac{6}{a}$$

ただし，$\beta_2(X)$ は，正規分布のときを 0 とした定義である．

Pythonでガンマ分布を扱えるようにするために scipy.stats から gamma の関数をインポートする．関数 gamma には，形状パラメータ a > 0，位置パラメータ loc と尺度パラメータ b > 0 を引数として入力して gamma(a, loc, b) と書くことができるが，loc，b は省略して gamma(a) とすることもできる．この場合 loc = 0，b = 1 である．gamma(a) を利用して $a = 2.5$ としたガンマ分布の密度関数を図 3.22 に示す．

```
85  from scipy.stats import gamma
86
87  x1=np.linspace(0, 12, 100)
88  a = 2.5
89  y1 = gamma(a).pdf(x1)
90  plt.plot(x1, y1, label="Gam("+str(a)+', 1)')
91  plt.legend(frameon=False)
92  plt.show()
93
94  gamma(a).stats(moments='mvsk')
95  >> (2.5, 2.5, 1.2649110640673518, 2.4)
96
97  #歪度のチェック
98  2/np.sqrt(a)
99  >> 1.2649110640673518
100
101  #尖度のチェック
102  6/a
103  >> 2.4
```

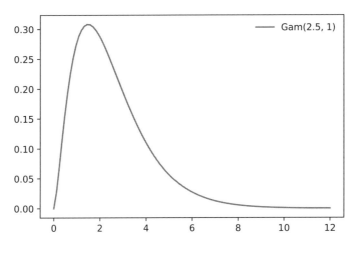

図 **3.22**　Gam(2.5, 1) の密度関数

$a = 2.5, b = 1$ での歪度と尖度の値を求めているが，特に歪度が正であることから，密度関数は右に歪んでいる．一般に場合でも歪度が正となるので，ガンマ分布は右に歪んだ分布となる．

尺度パラメータ b を $b = 1$，位置パラメータを 0 に固定して，いくつかの a に対してグラフを描いた図が図 3.23 である．

```
104  x1=np.linspace(0, 20, 100)
105  a= 1
106  b = 1
107
108  for a in range(1,16,3):
109      y1 = gamma(a,0,b).pdf(x1)
110      plt.plot(x1, y1, label = 'Gam('+str(a)+', '+str(b)+')')
```

```
111    plt.ylim(0, 0.3)
112 plt.legend(frameon=False)
113 plt.show()
```

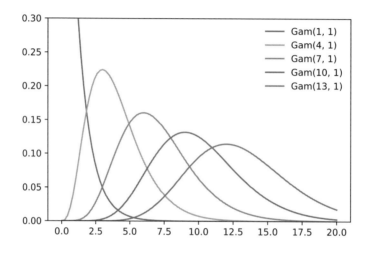

図 3.23　$\mathrm{Gam}(a, 1)$ の密度関数 $(a = 1, 4, 7, 10, 13)$

図 3.23では a が大きくなると左右対称の分布に近づいていく様子が見て取れる．このことは歪度 β_1 が $\beta_1 = 2/\sqrt{a}$ であることからも a が大きくなるとゼロに近づくことと合致する．反対に a を固定して $b = 2, 4, 6, 8, 10$ と変化させたグラフが図 3.24 である．歪度 $\beta_1 = 2/\sqrt{a}$ と尖度 $\beta_2 = 6/a$ は b に無関係なため，これらは常に一定の正の値をとる．歪度が常に正であるので右に裾を引く分布である．

```
114 x1=np.linspace(0, 40, 100)
```

```
115  a = 3
116  b = 1
117
118  for b in range(2,12,2):
119      y1 = gamma(a,0,b).pdf(x1)
120      plt.plot(x1, y1, label = 'Gam('+str(a)+','+str(b)+')')
121      plt.ylim(0, 0.15)
122  plt.legend(frameon=False)
123  plt.show()
```

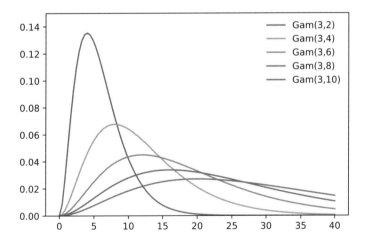

図 **3.24**　Gam$(3, b)$ の密度関数 $(b = 2, 4, 6, 8, 10)$

形状パラメータ a が大きくなると，歪度と尖度ともにゼロに近づいていくので，正規分布に近づくと予想できる．そこで，Gam$(3, 8)$ と同じ平均と分散をもつ正規分布 $N(24, 192)$ と，a の値を大きくした Gam$(20, 1.5)$ と同じ平均と分散の $N(30, 45)$ を，それぞれ図 3.25 と図 3.26 に示す．

```
124  x1 = np.linspace(0,80,100)
125  a = 3
126  b=8
127  y1 = gamma(a,0,b).pdf(x1)
128  plt.plot(x1, y1, label = 'Gam('+str(a)+','+str(b)+')')
129  m = a*b
130  sd = np.sqrt(a*(b**2))
131  y2 = norm(m, sd).pdf(x1)
132  plt.plot(x1, y2, label =  'N('+str(m)+',
     ↪    '+str(a*(b**2))+')')
133  plt.legend(frameon=False)
134  plt.show()
135
136  x1 = np.linspace(0,80,100)
137  a = 20
138  b=1.5
139  y1 = gamma(a,0,b).pdf(x1)
140  plt.plot(x1, y1, label = 'Gam('+str(a)+','+str(b)+')')
141  m = a*b
142  sd = np.sqrt(a*(b**2))
143  y2 = norm(m, sd).pdf(x1)
```

```
144  plt.plot(x1, y2, label =  'N('+str(m)+',
      ↪  '+str(a*(b**2))+')')
145  plt.legend(frameon=False)
146  plt.show()
```

　図 3.26 の密度関数は，図 3.25 の密度関数よりも正規分布に近いことがわかる．歪度
と尖度の値も，図 3.26 の方がゼロに近い．

```
147  a = 3
148  b = 8
149  gamma(a, 0, b).stats(moments='mvsk')
150  >> (24.0, 192.0, 1.1547005383792517, 2.0)
151
152  a = 20
153  b = 1.5
154  gamma(a, 0, b).stats(moments='mvsk')
155  >> (30.0, 45.0, 0.4472135954999579, 0.3)
```

　$a = 1$ のガンマ分布 $\mathrm{Gam}(1, b)$ の密度関数は

$$f(x) = \frac{1}{b}\exp(-x/b) \quad x > 0$$

であり，この分布を平均が b の指数分布という．ただし，$b > 0$ である．平均 $b > 0$ をも
つ指数分布を $\mathrm{Exp}(b)$ で表す．また，指数分布の分布関数 $F(x)$ は

$$F(X) = \int_0^x \frac{1}{b}\exp(-x/b)dx = 1 - \exp(-x/b)$$

であり，簡単な形で求められる．

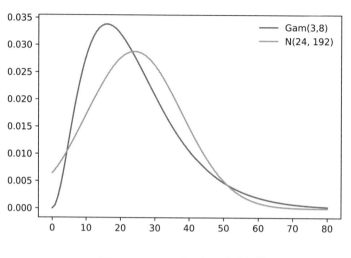

図 3.25　Gam(3, 8) の密度関数

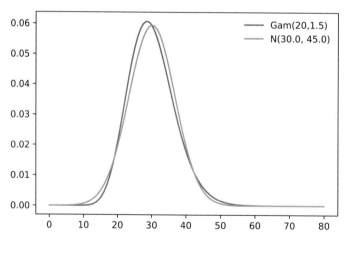

図 3.26　Gam(20, 1.5) の密度関数

3.9.2 ベータ分布

ベータ関数 $B(a, b)$ を正規化定数として，パラメータ $a > 0, b > 0$ のベータ分布 $\mathrm{Beta}(a, b)$ が定義できる．ベータ分布 $\mathrm{Beta}(a, b)$ の密度関数は

$$f(x \mid a, b) = \frac{x^{a-1}(1-x)^{b-1}}{B(a, b)} \quad (0 \leq x \leq 1)$$

となる．上の密度を持つベータ分布を第1種ベータ分布ということもある．第2種ベータ分布 $\mathrm{Beta_{II}}(a, b)$ は，確率変数 y が $y \sim \mathrm{Beta}(a, b)$ のとき，$x = y/(1-y)$ の分布として定義できる．確率変数 x が $x \sim \mathrm{Beta_{II}}(a, b)$ のとき，その密度関数は

$$f(x) = \frac{1}{B(a, b)} \frac{x^{a-1}}{(1+x)^{a+b}} \quad x \geq 0$$

となる．

第**4**章　Python による推測統計の基礎

母集団から抽出された標本（データ）をもとに，母集団の特性を推し量ることを統計的推測という．統計的推測では，推定量の良さや母数の信頼区間の構成といった推定量に関係する事柄と，仮説検定という二つの側面を理解する必要がある．本章では 4.1 から 4.5 までを推定量に関する事項，4.6 から 4.11 までを検定に関する事項として説明する．

4.1　母集団からの標本抽出と統計量

母集団パラメータ θ をもつ確率分布 F_θ に独立に従う標本 $X_1, \ldots, X_n$ を考える．標本の観測値 $x_1, \ldots, x_n$ から未知のパラメータ θ の値を推測することを統計的推測という．統計的推測には，主に推定と検定がある．ベルヌーイ分布 $\mathrm{Bin}(1, p)$ について，母比率（母集団パラメータ）p についての推定と検定の方法は基本的であり，まず第一にマスターすべきである．

標本から計算される平均や分散などは，標本抽出が何度も可能な状況を考えるとすると標本ごとに異なる値をとると考えられる．乱数による数値実験は，まさにこの状況を模倣したものである．母平均 $\mu = 60$ と母分散 $\sigma^2 = 4^2$ の正規母集団 $N(60, 4^2)$ からの乱数による標本抽出の実験を考える．標本として 10 個のデータをとる．

まず最初に，Python の `norm.rvs` を利用して 1 つ目の標本として `sanple01` を以

下のようにとる.

```
1  from scipy import norm #正規分布のインポート
2
3  sample01 = np.round(norm.rvs(loc=60, scale=4,size=10))
4  print(sample01)
5  >> [53. 56. 64. 64. 67. 55. 59. 59. 60. 57.]
```

上の例では, sample01=[53. 56. 64. 64. 67. 55. 59. 59. 60. 57.] である. 同様にして2つ目の標本として, sample02 を以下のようにとる.

```
6  sample02 = np.round(norm.rvs(loc=60, scale=4,size=10))
7  print(sample02)
8  >> [61. 67. 63. 66. 57. 62. 61. 62. 58. 63.]
```

sample02 = [61. 67. 63. 66. 57. 62. 61. 62. 58. 63.] となり, 1つ目の標本 sample01 とは値が異なる. 標本平均や標本分散もそれぞれ

```
9   np.mean(sample01)
10  >> 59.4
11
12  np.mean(sample02)
13  >> 62.0
14
15  np.var(sample01)
16  >> 17.84
17
```

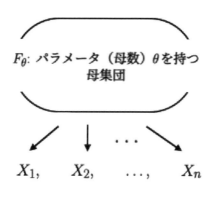

F_θ: パラメータ（母数）θを持つ
母集団

$X_1,$ 　 $X_2,$ 　 $\ldots,$ 　 X_n

図4.1 母集団からの標本抽出

```
18  np.var(sample02)
19  >> 8.6
```

となり，標本ごとにデータはもちろんのこと標本平均や標本分散の値が異なる．この例のように，標本 $X_1, \ldots, X_n$ は抽出されるたびに値が変化する確率変数と見なすことができる．図 4.1 は，パラメータ θ を持つ母集団 F_θ から標本 $X_1, \ldots, X_n$ を抽出する標本抽出の概念図である．確率変数 $X_1, \ldots, X_n$ の実現値が sample01 や sample02 である．つまり，sample01 の場合，$(x_1, \ldots, x_{10}) = (53, \ldots, 57)$ となる．

　また，標本平均 $\overline{X}$ や標本分散も確率変数である．通常，母集団の平均 μ(上の例では 60) と分散 σ^2(上の例では 16) は未知であり，標本抽出も基本的に 1 度だけであるから，例えば，sample01 のみの値だけから母平均 μ と母分散 σ^2 を推定しなければならない．母平均 μ と母分散 σ^2 の推定には，それぞれに対応した統計量と呼ばれる標本のみの関数 $T(X_1, \ldots, X_n)$ を用意する．統計量 $T(X_1, \ldots, X_n)$ は，未知の母集団パラメータを含まないように構成しなければならない．母平均 μ の推定には標本平均 $\overline{X}$ が用いられ，$T(X_1, \ldots, X_n) = \overline{X}$ とする．この統計量 $T(X_1, \ldots, X_n)$ もまた確率変数であることに注意する．母分散 σ^2 の推定量としては標本分散

$$T(X_1, \ldots, X_n) = \frac{1}{n} \sum_{i=1}^{n} (X_i - \bar{X})^2 \tag{4.1}$$

や，不偏分散とも呼ばれる標本分散

$$T(X_1, \ldots, X_n) = \frac{1}{n-1} \sum_{i=1}^{n} (X_i - \bar{X})^2 \tag{4.2}$$

が用いられる．

では import numpy as np で numpy をインポートして，データを d1 = [-1, 0, 1] として標本分散を計算する．

```
20  d1 = [-1, 0, 1]
21
22  np.var(d1)
23  >> 0.6666666666666666
24
25  np.var(d1, ddof=1)
26  >> 1.0
```

np.var(d1) は，(4.1) の推定値が計算されていて，ddof=1 のオプションを指定することで (4.2) の推定値が計算できる．

4.2 点推定と区間推定

標本 $X_1, \ldots, X_n$ のみの関数としての統計量 $T(X_1, \ldots, X_n)$ を用いて，パラメータ θ を推定することを点推定という．また，確率変数 X_i の実現値 x_i を $T(X_1, \ldots, X_n)$ に代入した値 $T(x_1, \ldots, x_n)$ を推定値といって，推定量とは区別する場合がある．推定量と

推定値を厳密に区別する場合には，推定量は確率変数であって推定値は確率変数ではないということである．

点推定が 1 点で未知の母集団パラメータ θ を推定することに対して，θ の存在範囲を区間として推定する方法を区間推定という．標本平均を $\overline{X}$ の推定値 $\overline{x}$ で求めたり，標本分散を (4.1) や (4.2) の推定値で求めることは，点推定である．次節の 4.3, 4.4 節では，典型的な区間推定について見ていく．

4.3 母比率の区間推定

母比率も推定や検定，その際に使う二項分布の正規分布近似は，2023 年 4 月現在，高校数学の統計学における主要なテーマである．また，政党支持率やテレビの視聴率，ある商品を購入する確率を推定するなど実用上の多くの応用例がある．

確率 p である事象が起きるか，$1 - p$ の確率でその事象が起きないかというベルヌーイ分布 $\mathrm{Bin}(1, p)$ を考える．ただし $0 < p < 1$ である．たとえばコインの表が出るという事象でその確率が p と思えばよい．コインを n 回無作為に投げるとして，標本を

$$X_1, \ldots, X_n \sim \mathrm{Bin}(1, p) : \text{i.i.d.}$$

とする．未知の母集団パラメータは p であり，各確率変数 X_i の実現値は $x_i \in \{0, 1\}$ とする．標本 $X_1, \ldots, X_n$ の関数 T として

$$T(X_1, \ldots, X_n) = \frac{1}{n} \sum_{i=1}^{n} X_i = \overline{X}$$

にとるとき，統計量 $\overline{X}$ の分布を知ることにより p の推定や検定が行われる．この $\overline{X}$ が p の推定量であるという意味で $\hat{p} = \overline{X}$ と書くことが多い．しかしここでは，推定量と推定値を明確に区別するために，確率変数である推定量を大文字の R で書くことにして，

実現値の推定値を小文字の r で書くことにする．つまり

$$R = \overline{X}, \quad r = \bar{x}$$

である．標本サイズ n が十分大きい場合には R の分布は正規分布 $N\left(p, \frac{p(1-p)}{n}\right)$ で近似できる．標準化すれば，近似的に

$$\frac{R-p}{\sqrt{\dfrac{p(1-p)}{n}}} \sim N(0,1) \tag{4.3}$$

となる．パラメータ p の点推定では r を p の推定値として用いる．これは R が $E(R) = p$ となるので R が p の不偏推定量であるからである．パラメータ p の区間推定を行う場合には，(4.3) の分母に未知のパラメータ p が含まれていると都合が悪いので，分母に含まれる p を推定値の r で置き換えることで

$$\frac{R-p}{\sqrt{\dfrac{r(1-r)}{n}}} \sim N(0,1) \tag{4.4}$$

とするような，さらなる近似を利用する．これは，標本サイズ n が十分大きいときに R の分散 $\frac{p(1-p)}{n}$ が $\frac{r(1-r)}{n}$ に十分に近いという前提によるものである．

　母集団パラメータ p の区間推定を行うために，まず $N(0,1)$ の上側2.5%点である1.96を求める．

```
from scipy import norm
round(norm.ppf(0.975),3)
>> 1.96
```

n が十分大きいとすれば，(4.4) により

$$\Pr\left(-1.96 \leq \frac{R-p}{\sqrt{\frac{r(1-r)}{n}}} \leq 1.96\right) = 0.95$$

となる．したがって，0.95 の確率で

$$-1.96 \leq \frac{R - p}{\sqrt{\frac{r(1-r)}{n}}} \leq 1.96$$

$$-1.96\sqrt{\frac{r(1-r)}{n}} \leq R - p \leq 1.96\sqrt{\frac{r(1-r)}{n}}$$

となる．さらに変形すると

$$R - 1.96\sqrt{\frac{r(1-r)}{n}} \leq p \leq R + 1.96\sqrt{\frac{r(1-r)}{n}}$$

となり，あたかも未知パラメータ p が区間

$$\left[R - 1.96\sqrt{\frac{r(1-r)}{n}}, R + 1.96\sqrt{\frac{r(1-r)}{n}} \right] \tag{4.5}$$

に含まれる確率が 95% になっているように見える．しかしながら (4.5) は区間の両端が確率変数であるので，「信頼区間が p を含む確率が 0.95 である」という解釈になる．さらに，p は未知だが定数であって確率変数ではないこと，および，R に実現値 r を代入して信頼区間を

$$r - 1.96\sqrt{\frac{r(1-r)}{n}} \leq p \leq r + 1.96\sqrt{\frac{r(1-r)}{n}} \tag{4.6}$$

として構成することから，p が (4.6) の範囲に入る確率が 0.95 であるといういい方はふさわしくない．むしろ p の真の値がわかっている場合には，p が (4.6) に入る確率は 0 か 1 かで決定的である．そこで，(4.5) もしくは (4.6) を「信頼度 95% の p の信頼区間」という言い方をして確率 0.95 という言い方は避けている．

　信頼区間 (4.6) は，単に区間として

$$\left[r - 1.96\sqrt{\frac{r(1-r)}{n}}, \; r + 1.96\sqrt{\frac{r(1-r)}{n}} \right]$$

と書いてもよい．また，信頼区間の幅に着目すると

$$r + 1.96 \times \sqrt{\frac{r(1-r)}{n}} - \left(r - 1.96 \times \sqrt{\frac{r(1-r)}{n}} \right) = 1.96 \times 2 \times \sqrt{\frac{r(1-r)}{n}}$$

となる．この信頼区間の幅は，R の（上下の）2.5% 点 $\times 2 \times R$ の標準偏差の推定値 で与えられることがわかり，n が大きくなるにつれて幅が狭くなることもわかる．

問題 4.3.1 2022 年 7 月の NHK による政治意識月例調査では，参議院選挙直後の内閣支持率は 59% であった．調査の対象となったのは 2344 人であり，52% にあたる 1216 人から回答を得た．（出典: `https://www.nhk.or.jp/senkyo/shijiritsu/archive/2022_07.html`，アクセス日：2023/04/19）

(1) 母集団の内閣支持率の信頼係数 95% の信頼区間を構成したい．調査への回答者を母集団からの単純無作為抽出であるとみなしたときの 95% 信頼区間を求めよ．

$$\left[0.59 - 1.96 \times \sqrt{0.59(1-0.59)/1216}, \ 1.96 \times \sqrt{0.59(1-0.59)/1216} \right]$$

答え：$[0.402, 0.458]$

(2) 内閣支持率は 60% 前後であると想定できるとき，内閣支持率の 95% 信頼区間の区間幅が 2% となるために必要とされるサンプルサイズを求めよ．

答え：$p = 0.6$ として

$$2 \times 1.96\sqrt{0.6 \times 0.4/n} = 0.02. \quad \text{よって } n = (2 \times 1.96/0.02)^2 \times 0.4 \times 0.6 = 9220$$

となる．

```python
import numpy as np

hp=0.43
[hp-1.96*np.sqrt(hp*(1-hp)/1240),
 ↪  hp+1.96*np.sqrt(hp*(1-hp)/1240)]
```

```
5  >> [0.402443955056953, 0.45755604494304697]

6

7  (2*1.96/0.02)**2*0.4*0.6

8  >> 9219.84
```

問題 4.3.2 ある銀行では，昨年度に一万件を超える住宅ローンの申請を受け取り，ローン申請の書類不備が0.1の確率で起きていた．今年度は標本調査をすることになり，900件の申請書類を無作為に抽出した．900件の書類のうち，不備と判定されるものの個数を確率変数Xで表すとする．昨年度の不備の確率$p = 0.1$を今年度の母比率に設定して，確率変数Xは二項分布$\mathrm{Bin}(n, p)$，$n = 900$, $p = 0.10$に従うとする．

1. 確率変数Xの平均と標準偏差を求めよ．

2. 確率変数Xが105以上となる確率を二項分布で正確に求める場合と，二項分布の正規分布近似で求める場合の2通りで計算しなさい．二項分布による計算では

$$\mathrm{Pr}(X \geq 105) = \sum_{x=105}^{900} \binom{900}{x} p^x (1-p)^{900-x}$$
$$= 1 - \sum_{x=0}^{104} \binom{900}{x} p^x (1-p)^{900-x}$$

を利用するとよい．

Xの期待値は$np = 90$，標準偏差は$\sqrt{np(1-p)} = \sqrt{900 \times 0.1 \times 0.9} = 9.0$である．

```
1  from scipy.stats import norm

2  import numpy as np

3  from scipy.stats import binom

4

5  n=900
```

```
 6  p=0.10
 7  x = 104
 8  prob = binom.cdf(x, n, p)
 9  print(1-prob)
10  >> 0.05597584734254901
11
12  print(np.round(1-prob,3))  #小数点 3 桁で表示
13  >> 0.056
14
15  #正規分布の近似を利用
16  nprob = 1- norm.cdf((x-90)/9.0)
17  print(nprob )
18  >> 0.05990690710277191
19
20  print(round(nprob,3))
21  0.06
```

したがって，二項分布による計算では 5.6% となり，正規分布による近似では 6.0% となる．

次の問題はキャッチアンドリリースを題材とした有名な問題である．

問題 4.3.3 ある池にいる魚の総数を推定することを考える．総数 N 匹の魚がいる．この池から 400 匹の魚を捕獲し，目印を付けて池へ戻す．十分時間が経過してから，再び 250 匹を捕獲してしらべたところ，目印の付いている魚が 28 匹いた．

1. 目印のついている魚の比率の 95% 信頼区間を求めよ．ここでは，N が十分大きい

とした時，比率の区間推定で正規分布での近似を用いることにする．

- 標本比率$\hat{p}$，母比率pとする．このとき，標本サイズnが十分大きければ，近似的に

$$\frac{\hat{p} - p}{\sqrt{p(1-p)/n}} \sim N(0,1)$$

となる．標準誤差（$\hat{p}$の標準偏差$\sqrt{p(1-p)/n}$に含まれるパラメータpは未知であるが，nが十分に大きいので，pを$\hat{p}$で置き換えて良い）．

2. この池には何匹の魚がいると推定できるか．おおよその値を推定する方法を述べた上で，解答せよ．

1. $\dfrac{\hat{p} - p}{\sqrt{p(1-p)/n}} \sim N(0,1)$ により，$N(0,1)$の95%信頼区間を使って

$$-1.96 \le \frac{\hat{p} - p}{\sqrt{\hat{p}(1-\hat{p})/n}} \le 1.96$$

となる．これをpについて整理すると魚の比率pの95%信頼区間は

$$\hat{p} - 1.96\sqrt{\hat{p}(1-\hat{p})/n} \le p \le \hat{p} + 1.96\sqrt{\hat{p}(1-\hat{p})/n}$$

となる．$\hat{p}$を実現値

$$\hat{p} = \frac{28}{250} = 0.112$$

に置き換えることで母比率pの95%信頼区間が

$$0.0729 \le p \le 0.15109$$

として得られる．

2. $N : 400 = 250 : 28$ の比率を利用して

$$N = \frac{400 \times 250}{28} = 3571.4$$

となる．つまり，3571と予想できる．あるいは，1. の95%信頼区間に基づいて$400 \times \frac{1}{\hat{p}}$を利用して

$$2647.43 \le N \le 5486.96$$

と区間推定してもよい.

```
22  hp=0.43
23  [hp-1.96*np.sqrt(hp*(1-hp)/1240),
24      hp+1.96*np.sqrt(hp*(1-hp)/1240)]
25
26  >> 0.112
27  [0.07290676940440967, 0.15109323059559032]
28
29  np.array([1/0.07290676940440967, 1/0.15109323059559032])*400
30
31  >> array([5486.45898409, 2647.37207897])
```

4.4　正規母集団下での母平均 μ の信頼区間の構成

　正規分布を母集団の分布に仮定するとき，その母集団のことを正規母集団という. 正規母集団 $N(\mu, \sigma^2)$ からのサイズ n の標本を $X_1, \dots, X_n$ とする. 母平均 μ の信頼区間を標本平均 $\overline{X}$ からどう作るかを議論する. まず, μ と σ の推定量をどう作るかが問題である. 平均 μ の不偏推定量 $\hat{\mu}$ は

$$\overline{X} = \frac{1}{n}\sum_{i=1}^{n} X_i$$

である. また σ が未知の場合, σ^2 の不偏推定量 $\hat{\sigma}^2$ は

$$\hat{\sigma}^2 = \frac{1}{n-1}\sum_{i=1}^{n}(X_i - \overline{X})^2$$

である. 母分散 σ^2 が (1) 既知の場合と (2) 未知の場合とで信頼区間の構成方法が違う.

さらに，(2) の場合でも，標本サイズ n が十分に大きい場合とそうでない場合とで構成方法が違う．

最初に (1) の σ^2 が既知の場合を考える．標本平均 $\overline{X}$ の分布は

$$\overline{X} \sim N\left(\mu, \frac{\sigma^2}{n}\right)$$

であるので，標準化した Z を

$$Z = \frac{\overline{X} - \mu}{\sqrt{\sigma^2/n}} \tag{4.7}$$

とすると

$$Z \sim N(0,1)$$

となる．有意水準 α を $\alpha = 0.05$ とするとき，Z の分布の上側 2.5% 点は $z_{\alpha/2} = 1.96$ であり，図 4.2 のように

$$\Pr(-1.96 \leq Z \leq 1.96) = 0.95$$

となる．(4.7) より

$$P\left[-1.96 \leq \frac{\overline{X} - \mu}{\sqrt{\sigma^2/n}} \leq 1.96\right] = 0.95 \tag{4.8}$$

となる．したがって，信頼度 95% の母平均 μ に関する信頼区間は

$$\overline{X} - 1.96\sqrt{\frac{\sigma^2}{n}} \leq \mu \leq \overline{X} + 1.96\sqrt{\frac{\sigma^2}{n}} \tag{4.9}$$

となる．(4.9) は，区間の始点と終点が確率変数 $\overline{X}$ になっていることに注意する．したがって，通常「μ が (4.9) の信頼区間に含まれる確率が 95%」という言い方は好まれず，「(4.9) の信頼区間が μ を含む確率が 95% である」という．この意図するところは 4.5 節のシミュレーション実験を通して詳しく扱うが，μ は本来決まった値であり，確率的に変化するのが信頼区間の方だからである．信頼区間の上端と下端が確率変数となってい

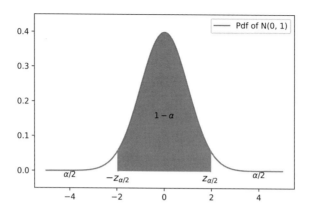

図 4.2　正規分布における平均の信頼区間の構成

る．実際にデータから信頼区間を構成する際には，$\overline{X}$ には標本平均の観測値 $\bar{x}$ を代入することで

$$\bar{x} - 1.96\sqrt{\frac{\sigma^2}{n}} \leq \mu \leq \bar{x} + 1.96\sqrt{\frac{\sigma^2}{n}} \tag{4.10}$$

とする．したがって実現値を代入した場合では，μ は (4.10) の信頼区間に含まれるか否かは確率1でどちらかに決まってしまう．

問題 4.4.1　ある畑ではじゃがいもを収穫している．ある時期に収穫した 412 個のじゃがいもの重さの平均は 138.5g であった．昨年度までに収穫したじゃがいもの重さの標準偏差は $\sigma = 3.1$(g) であることがわかっている．じゃがいもの重さが正規分布 $N(\mu, \sigma^2)$ に従うとして，母平均 μ の信頼区間を構成せよ．

```python
from scipy.stats import norm

bx = 138.5
```

```
4   sig = 3.1
5   n = 412
6   k=norm.ppf(0.975)
7   upper = bx + k*sig/(n**(0.5))
8   lower = bx - k*sig/(n**(0.5))
9   print("({0}, {1})".format(lower, upper))
10  >> (138.2006624657922, 138.7993375342078)
```

上の計算により，母平均 μ の 95% 信頼区間は $[138.2, 138.8]$ となる．

次に (2) の母分散 σ^2 が未知の場合を考える．

(2)-1. n が十分大きい場合は $\sigma^2 = \hat{\sigma}^2$ とみなす．これは，4.3 節の母比率に関する信頼区間の構成でも議論したように，未知の母分散を標本分散で置き換えるという考え方と同じである．

標本分散としては，最尤推定量の

$$\hat{\sigma}^2 = \frac{1}{n} \sum_{i=1}^{n} (X_i - \overline{X})^2$$

を用いるか，または，不偏推定量の

$$\hat{\sigma}^2 = \frac{1}{n-1} \sum_{i=1}^{n} (X_i - \overline{X})^2 \tag{4.11}$$

を用いる．ただし，n が十分大きい場合には，両者は n で割るか $n-1$ で割るかの違いなので，あまり問題ではない．

確率変数 $X_1, \dots, X_n$ の実現値 $x_1, \dots, x_n$ が母集団 $N(\mu, \sigma^2)$ から無作為に抽出されたとき，標本平均と標本分散を

$$\overline{x} = \frac{1}{n-1} \sum_{i=1}^{n} x_i \quad \hat{\sigma}^2 = \frac{1}{n-1} \sum_{i=1}^{n} (x_i - \overline{x})^2$$

として計算する．(4.10) において未知の母分散 σ^2 を $\hat{\sigma}^2$ に置き換えることにより，信頼度95%の μ の信頼区間を

$$\bar{x} - 1.96 \sqrt{\frac{\hat{\sigma}^2}{n}} \leq \mu \leq \bar{x} + 1.96 \sqrt{\frac{\hat{\sigma}^2}{n}}$$

と構成する．

(2)-2. もう一つのやり方は，医療統計などで標準的に使われてきた方法で，標本サイズが小さい場合にも適用できるオーソドックスなやり方である．

確率変数 $T = \dfrac{\overline{X} - \mu}{\sqrt{\hat{\sigma}^2/n}}$ が自由度 $n-1$ の t 分布に従うことを利用する．ただし，$\hat{\sigma}^2$ は (4.11) を使わなければならない．なぜならば

$$(n-1)\frac{\hat{\sigma}^2}{\sigma^2} = \sum_{i=1}^{n} \left(\frac{X_i - \overline{X}}{\sigma} \right)^2 \sim \chi^2_{(n-1)}$$

であり，χ^2 分布の自由度 $n-1$ と合わせるためである．さらに Z と $W = (n-1)\frac{\hat{\sigma}^2}{\sigma^2}$ は独立であることに注意する．したがって，$Z/\sqrt{W/(n-1)}$ は自由度 $n-1$ の t 分布に従うことから

$$\frac{Z}{\sqrt{W/(n-1)}} = \frac{\overline{X} - \mu}{\sqrt{\sigma^2/n}} \cdot \frac{1}{\sqrt{\hat{\sigma}^2/\sigma^2}} = \frac{\overline{X} - \mu}{\sqrt{\hat{\sigma}^2/n}} \sim t_{(n-1)}$$

となり，$T = \dfrac{\overline{X} - \mu}{\sqrt{\hat{\sigma}^2/n}}$ が自由度 $n-1$ の t 分布に従うことがわかる．そこで，自由度 $n-1$ の t 分布の上側 $100 \times \alpha/2$ パーセント点 $t_{\alpha/2}(n-1)$ を図4.3のようにとる．

信頼度 $1-\alpha$ の母平均 μ の信頼区間は

$$\left[\overline{X} - t_{\alpha/2}(n-1) \times \sqrt{\frac{\hat{\sigma}^2}{n}}, \quad \overline{X} + t_{\alpha/2}(n-1) \times \sqrt{\frac{\hat{\sigma}^2}{n}} \right]$$

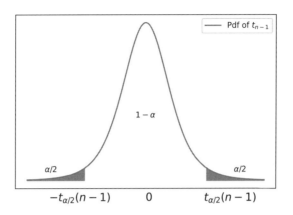

図 4.3 t 分布を用いた平均 μ の信頼区間の構成

となる．なお，t 分布は平均が 0 であり，左右対称の分布であるので

$$\Pr\left[T < -t_{\alpha/2}(n-1)\right] = \Pr\left[T > t_{\alpha/2}(n-1)\right]$$

となる．

問題 4.4.2 ある畑ではじゃがいもを収穫している．ある時期に収穫した 412 個のじゃがいもの重さの標本平均は 138.5g であり，標本の標準偏差 $\hat{\sigma}$ は 2.94 であった．じゃがいもの重さが正規分布 $N(\mu, \sigma^2)$ 従うとして，母平均 μ の信頼区間を構成せよ．

(2)-1 と (2)-2 の両方のやり方で，母平均 μ の信頼区間を構成する．

```python
import numpy as np
from scipy.stats import norm, t


np.random.seed(10)
data = norm.rvs(loc=138.4, scale = 3.1, size=412)
```

```
6  data.mean()
7  >> 138.5396345620796
8  data.std()
9  >> 2.9387869358229723
```

上では標本平均が 138.5 で，標本の標準偏差が 2.94 になるような 412 個の仮想データを作った．なおこのデータは母平均 $\mu = 138.4$，母標準偏差 $\sigma = 3.1$ である．

```
10  bx = 138.5
11  sig = 2.94
12  n = 412
13  k=norm.ppf(0.975)
14  upper = bx + k*sig/(n**(0.5))
15  lower = bx - k*sig/(n**(0.5))
16  print("({0}, {1})".format(lower, upper))
17  >> (138.2161121449771, 138.7838878550229)
```

次に，(2)-2 の t 分布を用いた方法で μ の信頼区間を作ってみる．

```
18  bx = 138.5
19  sig = 2.94
20  n = 412
21  kt=t(n-1).ppf(0.975)
22  upper = bx + kt*sig/(n**(0.5))
23  lower = bx - kt*sig/(n**(0.5))
24  print("({0}, {1})".format(lower, upper))
```

```
25  >> (138.21527369064276, 138.78472630935724)
```

(2)-1,2 の違いは，標準正規分布と t 分布のパーセント点だけの違いなので，それらの差をとってみると 0.0058 であり，小数点 2 桁までは両者が同じであることがわかる．

```
26  print(kt - k)
27  >> 0.0057886953208345915
```

4.5　信頼区間を構成するシミュレーションプログラム

信頼区間を構成するシミュレーションプログラムで必要な python のライブラリをインポートしておく．

```
1  import numpy as np
2  import matplotlib.pyplot as plt
3  import scipy.stats as stats
4  %matplotlib inline
```

4.5.1　母分散 σ^2 が既知の場合

標準正規分布からの標本を 16 個とり，標本平均を計算し，母平均 μ の信頼区間を構成するシミュレーションプログラムを作る．95% 信頼区間とは「この種の実験を多数回繰り返してその都度信頼区間を構成したとき，95% のものが真の母数 μ を含む」こと

を意味する．乱数を用いたシミュレーション実験では，標本抽出を何度もできるので，以下では仮に標本抽出を 1000 回行ったとして，信頼区間がどの程度 μ を含むかを数えることにする．当然，950 回程度で母平均 μ を含むことが期待できる．1000 回中最初の 100 回の信頼区間を図示し，μ を含んだ場合を黒で，含まなかった場合を赤で示すことにする．乱数によるシミュレーション実験では

1. 実行するたびに結果が変わるが，1000 回中おおよそ 950 回は μ を含み
2. 最初の 100 回のうち場所が変わるが 5 回程度は赤の区間がある

ことが確認できる．

```python
1   # simulate 1000 interval with 16 sample size
2   intervallist = []
3   # Simulation size
4   SimSize = 1000
5   # start count
6   c = 0
7   #mean
8   mu = 0 # mean
9   sigma =1 # standard deviation
10  intervallist = []
11  k = 1.96
12  samplesize = 16
13
14  for i in range(0,SimSize):
15      # SimSIze-Simutaion with sample size
16      rs = np.random.randn(samplesize) # N(0, 1)
```

```
17        # calculate sanple mean, upper and lower bounds.
18        samplemean = np.mean(rs)
19        upbound = samplemean + k*sigma/np.sqrt(samplesize)
20        lowbound = samplemean - k*sigma/np.sqrt(samplesize)
21        # collect difference between sample mean and mu
22        intervallist.append([lowbound,samplemean,upbound])
23        if upbound >= mu and lowbound <= mu:
24            c += 1
25
26    print("Number of intervals that cover the expected values
      ↪   and its rate: = {}, {}".format(c, c/SimSize))
27    # set figure size.
28    >>Number of intervals that cover the expected values and its
      ↪   rate: = 952, 0.952
```

上のシミュレーションでは，$\mu = 1$ を含んだ信頼区間が 1000 回中で 952 回あったこと，つまり 950 回に近いことがわかる．このプログラムは

https://github.com/chaipi-chaya/Illustration-with-Python/blob/
master/Illustration%20with%20Python%20Confidence%20Interval.ipynb
（2023/4/29 アクセス）

を参考にした．

　また，最初の 100 回を図示するプログラムを以下に示し，その結果を図 4.4 に示す．最初の 100 回中では，4 回が真値 $\mu = 1$ を含まなかったことが見て取れる．

```
1    # set figure size.
2    plt.figure(figsize=(20,10))
```

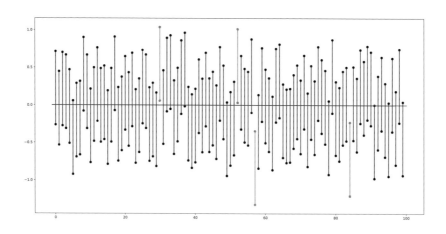

図4.4 信頼区間が母平均を含む様子

```
3   # plot box plots of each sample mean.
4   for i in range(100):
5       if(intervallist[i][0]<=mu and mu<=intervallist[i][2]):
6           plt.plot([i,
            ↪   i],intervallist[i][:3:2],'o-',color='black')
7       else:
8           plt.plot([i,
            ↪   i],intervallist[i][:3:2],'o-',color='red')
9   plt.plot([-1, 100],[mu,mu], 'b-', lw=2)
10  # show plot.
11  plt.show()
```

上の図を描くプログラムでは最初の 100 個を図示しているが，それを 10 回繰り返せば，1000 個すべての信頼区間の様子がわかる．1000 個すべての信頼区間の様子は示さないが，プログラムの簡単な例は以下の通りである．

```python
for j in range(10):
    # set figure size.
    plt.figure(figsize=(20,10))
    # plot box plots of each sample mean.
    for i in range(100):
        if(intervallist[i+100*j][0]<=mu and
        ↪   mu<=intervallist[i+100*j][2]):
            plt.plot([i, i], intervallist[i+100*j][:3:2],
            ↪   'o-', color='black')
        else:
            plt.plot([i, i],
            ↪   intervallist[i+100*j][:3:2],'o-',
            ↪   color='red')
    plt.plot([-1, 100],[mu, mu], 'b-', lw=2)
# show plot.
    plt.show()
```

4.5.2 母分散 σ^2 が未知の場合

前節と同じ設定で正規分布 $N(\mu, \sigma^2)$ からの標本を 16 個とる．ただし，$\mu = 5$ と

$\sigma^2 = 3^2$ は未知として 16 個の標本から推定する．母平均 μ の 95% 信頼区間の構成には t 分布，つまり

$$T = \frac{\overline{X} - \mu}{\sqrt{\hat{\sigma}^2/n}}, \quad T \sim t_{(n-1)}$$

であることを利用する．ただし $n = 16$ である．シミュレーションサイズ 1000 回の実験では，95% 信頼区間は，950 回程度で μ を含むことが期待できる．前節同様に 1000 回中最初の 100 回の信頼区間を図示し，μ を含んだ場合を黒で，含まなかった場合を赤で示す．

```
24  # 平均 5，標準偏差 3 の正規分布の構成
25  mu=5
26  sigma=3
27  nrv = norm(loc=mu,scale=sigma)
28
29  samplesize=16
30  rs =nrv.rvs(size=samplesize) # N(5, 3^2):
    ↪   norm(loc=5,scale=3)
31  samplemean = np.mean(rs)
32  hatsig2=np.var(rs)*(samplesize/(samplesize-1)) # unbiased
    ↪   estimator
33  print(rs)
34  print('mean = {},  sample variance = {}'.format(samplemean,
    ↪   hatsig2))
35  >>
```

```
36  [-2.01452406  9.26025571  8.16144946  6.38424815 4.33663835
     ↪  2.53998455  9.6318687   3.41086445 -0.23894512
     ↪  2.67472154  1.332978    9.00791549
37   2.98708197  6.15980287  3.02523413 10.42134067]
38

39  mean = 4.8175571786365445,  sample variance =
     ↪  14.016964639780982
```

```
40  # simulate 1000 interval with 16 sample size
41  intervallist = []
42  # Simulation size
43  SimSize = 1000
44  # start count
45  c = 0
46  #mean
47  mu = 0 # mean
48  sigma =1 # standard deviation
49  intervallist = []
50  k = 1.96
51  samplesize = 16
```

上の k の値は，$N(0,1)$ に基づく信頼区間を構成する場合は 1.96 であるが，今回は自由度 15 の t 分布の上側 2.5% である 2.13 を利用する．

```
52  stats.t(15).ppf(0.975)
53  >> 2.131449545559323
```

```python
54  # simulate 1000 interval with 16 sample size
55  intervallist = []
56  # Simulation size
57  SimSize = 1000
58  # start count
59  c = 0
60  #mean
61  mu = 0 # mean
62  sigma =1 # standard deviation
63  intervallist = []
64  samplesize = 16
65  k = 2.13
66
67  for i in range(0,SimSize):
68      # SimSIze-Simutaion with sample size
69      rs = np.random.randn(samplesize) # N(0, 1)
70      # calculate sanple mean, upper and lower bounds.
71      samplemean = np.mean(rs)
72      hatsig2 = np.var(rs, ddof=1)
73      upbound = samplemean + k*np.sqrt(hatsig2/samplesize)
74      lowbound = samplemean - k*np.sqrt(hatsig2/samplesize)
75      # collect difference between sample mean and mu
76      intervallist.append([lowbound,samplemean,upbound])
77      if upbound >= mu and lowbound <= mu:
78          c += 1
```

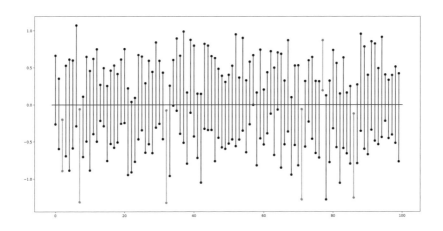

図 4.5 t 分布による信頼区間

```
79
80  print("Number of intervals that cover the expected values
    ↪   and its rate: = {}, {}".format(c, c/SimSize))
81
82  >> Number of intervals that cover the expected values and
    ↪   its rate: = 948, 0.948
```

　この結果から 1000 回中で 948 回の信頼区間が真値 $\mu = 0$ を含み，52 回が $\mu = 0$ を含まなかったことがわかる．図 4.5 には 1000 回中の最初の 100 回で，95% 信頼区間が真値 $\mu = 0$ を含まなかったものが赤の区間で示されている．

問題 4.5.1 $X_1, \ldots, X_n \sim N(0,1)$：i.d.d で母平均 $\mu = 0$ の信頼区間を

1. $\sigma = 1$ を既知として $\overline{x}$ が正規分布に従うことを利用して構成した場合

2. σ を未知として，σ^2 を推定して t 分布を利用して構成した場合

とでは，どちらの信頼区間が広くなる傾向にあるか，理由とともに答えよ．

　この答えは 2. である．それは，正規分布よりも t 分布の方が裾が重いからである．$n = 16$ の例でも，1. の 97.5 パーセント点は 1.96，2. では 2.13 で広くなっている．また，

$$\hat{\sigma}^2 = \frac{1}{n-1} \sum_{i=1}^{n} (X_i - \overline{X})^2$$

は $\sigma^2 = 1$ の推定量で大体 1 に近く，1 よりも大きくも小さくもなる可能性があるが，パーセント点では 2. が大きいので信頼区間も大きくなる傾向にあるといえそうである．このことは，σ の値を知っている方が，μ に関して「このあたりにありそう」ということが，2. よりも自信を持って言える，とも解釈できる．実際にシミュレーション実験によって以下のように確かめてみることができる．

```python
# Simulation size
SimSize = 1000
# start count
c = 0
#mean
mu = 0 # mean
sigma =1 # standard deviation
samplesize = 16
kT = 2.13
kN = 1.96

for i in range(0,SimSize):
```

```
95    rs = np.random.randn(samplesize) # N(0, 1)
96    hatsig2 = np.var(rs, ddof=1)
97    L2 = 2*kT*np.sqrt(hatsig2/samplesize)
98    L1 = 2*kN/np.sqrt(samplesize)
99    if L2 > L1:
100       c += 1
101
102  print("Number of L2 > L1= {}, and its rate = {}".format(c,
   ↪   c/SimSize))
103  >> Number of L2 > L1= 620, and its rate = 0.62
```

　次に上のシミュレーション実験の結果を理論的に考察する．サンプルサイズ $n = 16$，母分散 $\sigma^2 = 1$ において，1. に基づく母平均 μ の信頼区間の幅 L_1 は

$$L_1 = \overline{X} + 1.96 \times \frac{1}{\sqrt{16}} - \left(\overline{X} - 1.96 \times \frac{1}{\sqrt{16}}\right) = 0.98$$

で一定となる．一方，2. の t 分布に基づく母平均 μ の信頼区間の幅 L_2 は

$$L_2 = \overline{X} + 2.13 \times \frac{\hat{\sigma}^2}{\sqrt{16}} - \left(\overline{X} - 2.13 \times \frac{\hat{\sigma}^2}{\sqrt{16}}\right) = 1.065 \times \sqrt{\hat{\sigma}^2}$$

となる．L_2 は $\sqrt{\hat{\sigma}^2}$ の確率変動に応じて，L_1 よりも大きくなったり，小さくなったりする確率変数ととらえることができる．上のシミュレーションでは，L_2 が L_1 よりも大きかった 1000 回中の割合が 0.62 であったことを示している．理論的にも

$$\begin{aligned} \Pr(L_2 > L_1) &= \Pr(1.065 L_2 > 0.98) \\ &= \Pr\left(1.065\sqrt{\hat{\sigma}^2} > 0.98\right) \\ &= \Pr\left(\hat{\sigma}^2 > \frac{0.98^2}{1.065^2}\right) \end{aligned}$$

となるので，$(n-1)\hat{\sigma}^2$ が自由度 $n-1$ の χ^2 分布に従うことから

$$\Pr\left(15 \times \hat{\sigma}^2 > 15 \times \frac{0.98^2}{1.065^2}\right)$$

の確率を評価すれば，$\Pr(L_2 > L_1)$ の値が得られる．

```
104  1 - stats.chi2(15).cdf(15*(0.98/1.065)**2)
105  >> 0.6253660934839289
```

$\Pr(L_2 > L_1)$ の値は 0.625 であることがわかり，シミュレーションでの実験値 0.62 はかなり理論値に近いことがわかる．

4.6 仮説検定

　統計的仮説検定（以下，仮説検定という）は，得られたデータに基づいて仮説の真偽を確率的に判断する方法論である．この確率的な判断は正しい場合もあれば誤りの場合もあり，有意水準 α $(0 < \alpha < 1)$ で判断の誤りの確率が見積もられる．通常 $\alpha = 0.05$ にとることが多い．仮説検定には両側検定と片側検定がある．仮説検定の手順は以下の通りである．

1. 有意水準 α $(0 < \alpha < 1, \alpha = 0.05, 0.1$ など）を決め，帰無仮説 H_0 と対立仮説 H_1 を設定する．

2. 検定のための統計量（検定統計量）$T(X_1, \ldots, X_n)$ とその H_0 の下での分布を確認し，パーセント点が求められるようにしておく．

3. 標本値 $x_1, \ldots, x_n$ を検定統計量 $T(X_1, \ldots, X_n)$ に代入して，$T(x_1, \ldots, x_n)$ が H_0 の下で起きやすかったか，それとも起きにくかったかの確率を調べて，有意水準 α の

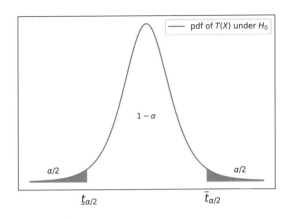

図 4.6　両側検定

下で H_0 の真偽を判定する.

- 両側検定の場合 $\cdots$　H_0 の下での $T(X_1, \ldots, X_n)$ の分布を考える. $T(X_1, \ldots, X_n)$ の分布の上側 $100\alpha/2$ パーセント点 $\bar{t}_{\alpha/2}$ と下側 $100\alpha/2$ パーセント点 $\underline{t}_{\alpha/2}$ を図 4.6 のようにとる. つまり, 検定統計量 $T(X_1, \ldots, X_n)$ は

$$\Pr\left[\underline{t}_{\alpha/2} < T(X_1, \ldots, X_n) < \bar{t}_{\alpha/2}\right] = 1 - \alpha$$

をみたす. $X_1, \ldots, X_n$ に対応した実現値 $x_1, \ldots, x_n$ が得られたとき, 検定統計量 $T(X_1, \ldots, X_n)$ に実現値を代入して

$$T(x_1, \ldots, x_n) > \bar{t}_{\alpha/2} もしくは T(x_1, \ldots, x_n) < \underline{t}_{\alpha/2}$$
$$\Longrightarrow H_0 を棄却する (\text{reject})$$
$$\underline{t}_{\alpha/2} \leq T(x_1, \ldots, x_n) \leq \bar{t}_{\alpha/2} \Longrightarrow H_0 を受容する (\text{accept})$$

という判断を行う.

- 片側検定の場合 … 右片側検定について述べる．H_0 の下での $T(X_1, \ldots, X_n)$ の分布を調べて $T(X_1, \ldots, X_n)$ の分布の上側 100α パーセント点 t_α を図 4.7-(a) のようにとる．つまり，検定統計量 $T(X_1, \ldots, X_n)$ は

$$\Pr\left[T(X_1, \ldots, X_n) < t_\alpha\right] = 1 - \alpha$$

をみたす．$X_1, \ldots, X_n$ に対応した実現値 $x_1, \ldots, x_n$ が得られたとき，検定統計量 $T(X_1, \ldots, X_n)$ に実現値を代入して

$$T(x_1, \ldots, x_n) > t_\alpha \Longrightarrow H_0 を棄却する \text{ (reject)}$$
$$T(x_1, \ldots, x_n) \leq t_\alpha \Longrightarrow H_0 を受容する \text{ (accept)}$$

という判断で検定を行う．

左片側検定の場合には，$T(X_1, \ldots, X_n)$ の分布の下側 100α パーセント点 t_α を図 4.7-(b) のようにとり，実現値により

$$T(x_1, \ldots, x_n) < t_\alpha \Longrightarrow H_0 を棄却する \text{ (reject)}$$
$$T(x_1, \ldots, x_n) \geq t_\alpha \Longrightarrow H_0 を受容する \text{ (accept)}$$

という判断で検定を行う．この場合，$\Pr\left[T(X_1, \ldots, X_n) > t_\alpha\right] = 1 - \alpha$ である．

　ここで，検定が棄却される観測値の領域を棄却域といい，両側検定の $\overline{t}_{\alpha/2}$, $\underline{t}_{\alpha/2}$, 片側検定の t_α を棄却限界点という．検定統計量に実現値を代入した $T(x_1, \ldots, x_n)$ よりも稀な値が起きる確率を p 値という．したがって，$T(x_1, \ldots, x_n)$ が棄却域にあることと，p 値が有意水準 α を下回ることは同値である．

　また，検定の判断において注意すべき点は，H_0 が棄却されたときは，その棄却という判断が間違う確率は α 程度と小さいので「積極的に H_0 が違う」と言えるのに対して，H_0 が受容されたときは「H_0 が正しいとも正しくないともいえない」という消極的な結論しか出せないということである．

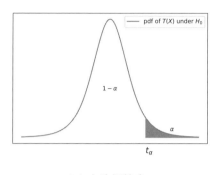
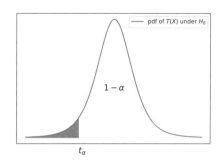

(a) 右片側検定　　　　　　　　　　(b) 左片側検定

図 4.7　片側検定

　検定を行う際には，H_0 を棄却したい積極的な立場か，それとも H_0 を受容したい消極的な立場かを明確にしておくとよい．H_0 を棄却したい立場の例とは，新薬の効果を検定するような場合である．帰無仮説 H_0 では「新薬には効果がない」という仮説を立てて，H_0 を棄却することで"効果あり"と結論付ける．逆に H_0 を受容したい立場の例としては，「得られたデータが正規分布に従う」というような分布の適合度検定である．H_0 を受容することで「データが本当に正規分布に従うかどうかはわからない」が，「従わない」とも言えないから正規分布に従うと仮定してデータを解析して前に進む場合である．そうすれば，正規分布に関連した様々な解析法がデータに適用できるという利点がある．

4.7　母比率の検定

　確率変数 $X_1, \ldots, X_n$ が独立に同一の $\mathrm{Bin}(1, p)$ に従うとき，$Y = \sum_{i=1}^{n} X_i$ は二項分布

$\mathrm{Bin}(n, p)$ に従う. 標本平均である標本比率

$$\overline{X} = \frac{1}{n}Y = \frac{1}{n}\sum_{i=1}^{n} X_i$$

は標本サイズ n が十分に大きければ近似的に $N\left(p, \frac{p(1-p)}{n}\right)$ に従う.

例えば 1 枚のコインの表と裏の出る割合が同じであるかどうかという検定問題を考える. 帰無仮説 H_0 を

$$H_0 : p = \frac{1}{2}$$

としたとき, 対立仮説 H_1 は $p \neq \frac{1}{2}$, $p > \frac{1}{2}$, $p < \frac{1}{2}$ の 3 通りあり, それぞれに応じて 3 つの検定問題が考えられる.

(1) $H_0 : p = 0.5$　$H_1 : p \neq 0.5$　　(2) $H_0 : p = 0.5$　$H_1 : p > 0.5$

(3) $H_0 : p = 0.5$　$H_1 : p < 0.5$

(1) は図 4.6 に対応する両側検定, (2), (3) はそれぞれ, 図 4.7-(a), (b) に対応する右片側検定と左片側検定である.

問題 4.7.1　ある政党に対する支持率の調査を行なったところ, 今月の支持率は 0.42 であり, 無作為に抽出された回答の有効回答数は 600 であった. 一方, 政党執行部が想定していた支持率は 0.45 であった.

1. 今月の支持率は執行部の想定と違うといえるかどうかを有意水準を 5% で検定しなさい.

2. 今月の支持率は, 執行部の想定よりも低かったかどうかを有意水準 5% で検定しなさい.

問題 4.7.1-1 では

$$H_0 : p = 0.45$$　$H_1 : p \neq 0.45$

の両側検定を有意水準 5% で行えばよい. 確率変数としての標本比率 R $[nR \sim$ Bin$(n, p)]$ を正規化した統計量

$$\frac{R - p}{\sqrt{p(1-p)/n}} \tag{4.12}$$

は, 標本サイズ n が十分に大きいとき $N(0,1)$ に従う. ただし, $p = 0.45$ である. 標準正規分布の上側 2.5% である 1.96 を使い, 確率変数 R を実測値 $r = 0.42$ で置き換えることで $\frac{r-p}{\sqrt{p(1-p)/n}} = -1.477$ となる. したがって, -1.477 の絶対値をとって $1.477 < 1.96$ より H_0 を受容する.

```python
import numpy as np
from scipy.stats import norm

p0=0.45
ps=0.42
n=600
sig = np.sqrt(p0*(1-p0)/n)
percentile975 = norm.ppf(0.975)
print(round(percentile975,3))
z = round(np.abs((ps - p0)/sig),3)
print(z)
>> 1.96
>> 1.477
```

次に問題 4.7.1-2 では

$$H_0 : p = 0.45 \quad p < 0.45$$

の左片側検定を行うことになる. 有意水準が $\alpha = 0.05$ なので $N(0,1)$ の 5% 点である

-1.64 を使い，-1.477 と比較することで $-1.64 < -1.477$ となるので，この場合も H_0 を受容する．政党執行部としてはひとまず安心できる結果であった．

```
14  p0=0.45
15  ps=0.42
16  n=600
17  sig = np.sqrt(p0*(1-p0)/n)
18  percentile005 = norm.ppf(0.05)
19  print(round(percentile005,2))
20  z = (ps - p0)/sig
21  print(round(z,2))
22  >> -1.64
23  >> -1.48
```

仮に執行部の事前の想定が $p = 0.48$ だったとして

$$H_0 : p = 0.48 \quad H_1 : p < 0.48$$

を検定することにした場合を考える．検定統計量の値は

$$\frac{r - p}{\sqrt{p(1-p)/n}} = -2.94$$

となり H_0 を棄却することになる．つまり $p = 0.48$ の母集団から大きさ 600 のサンプルを得た場合，標本比率が 0.42 であるということは，100 回中で 5 回以下程度の稀にしか起きないことが起きてしまったことを意味する．このようなことが起きた理由は，そもそも母集団の比率が $p = 0.48$ ではないからだと考える．

4.8 母平均の検定：1標本問題

　母集団に正規分布が仮定される場合の母平均の検定問題を考える．母集団が単一の場合を1標本問題，母集団を男女のように層別して2つに分けた場合を2標本問題という．さらに母平均の検定では，母分散が既知の場合，あるいは，標本サイズが十分大きいときに標本分散を母分散と同じと考えて良い場合や母分散が未知の場合で，検定のための検定統計量が変わってくる．

　確率変数 $X_1, \ldots, X_n$ が互いに独立で正規分布 $N(\mu, \sigma^2)$ に従うとして，帰無仮説 $H_0 : \mu = \mu_0$ の検定問題を考える．両側検定，右片側検定，左片側検定は次の (1), (2), (3) である．

$$(1) \ \ H_0 : \mu = \mu_0 \ \ \ H_1 : \mu \neq \mu_0 \ \ \ \ \ (2) \ H_0 : \mu = \mu_0 \ \ \ H_1 : \mu > \mu_0$$

$$(3) \ \ H_0 : \mu = \mu_0 \ \ \ H_1 : \mu < \mu_0 \tag{4.13}$$

(σ^2 が既知の場合) $\cdots$ 帰無仮説 $H_0 : \mu = \mu_0$ の下で，標本平均 $\overline{X} = \dfrac{1}{n} \displaystyle\sum_{i=1}^{n} X_i$ は，平均 μ_0，分散 $\dfrac{1}{n}\sigma^2$ の正規分布に従う．このことから標準化した統計量 Z は

$$Z = \frac{\overline{X} - \mu_0}{\sqrt{\sigma^2/n}} \sim N(0, 1) \tag{4.14}$$

となる．有意水準 α に対して，$N(0,1)$ の上側 100α パーセント点を z_α とする．確率変数 $X_1, \ldots, X_n$ の実現値 $x_1, \ldots, x_n$ が得られたとき，(4.14) の検定統計量 Z に $x_1, \ldots, x_n$ を代入した値を $z = \frac{\bar{x} - \mu_0}{\sqrt{\sigma^2/n}}$ とする．

- (4.13) の両側検定 (1) の場合，$|z| > z_{\alpha/2}$ ならば H_0 を棄却する．そうでなければ H_0 を受容する．ただし $|z|$ は Z の絶対値である．

- (4.13) の右片側検定 (2) の場合，$z < z_\alpha$ ならば H_0 を棄却する．そうでなければ H_0 を受容する．

- (4.13) の左片側検定 (3) の場合，$Z < -z_\alpha$ ならば H_0 を棄却する．そうでなければ H_0 を受容する．

ここで，$\alpha = 0.05$ の場合，上側 2.5% 点 $z_{0.025}$ は 1.96 である．また，棄却できない場合には H_0 を受容することになるが，これは統計的に H_0 が正しいとも正しくないともどちらともいえなかったという消極的な結論となることに改めて注意する．

(σ^2 が未知の場合) $\cdots$ 標本の確率変数 $X_1, \ldots, X_n$ が互いに独立に正規分布 $N(\mu, \sigma^2)$ に従うという仮定のもとで，今度は σ^2 が未知であるとする．標本分散 S^2 を

$$S^2 = \frac{1}{n-1} \sum_{i=1}^{n} (X_i - \overline{X})^2 \tag{4.15}$$

とし，この S^2 を σ^2 の推定量とする．この S^2 は σ^2 の不偏推定量であることに注意する．また，$\dfrac{(n-1)S^2}{\sigma^2} = \dfrac{\sum_{i=1}^{n}(X_i - \overline{X})^2}{\sigma^2}$ は自由度 $n-1$ のカイ二乗分布に従う．正規分布の仮定のもとでは標本平均 $\overline{X}$ と S^2 は互い独立であるという良い性質があるので，$H_0 : \mu = \mu_0$ のもとで，検定統計量

$$T = \frac{\overline{X} - \mu_0}{\sqrt{S^2/n}} \tag{4.16}$$

は自由度 $n-1$ の t 分布に従う．このことは，検定統計量 T を

$$T = \frac{\overline{X} - \mu_0}{\sqrt{\sigma^2/n}} \cdot \frac{1}{\sqrt{\frac{(n-1)S^2}{\sigma^2} \cdot \frac{1}{(n-1)}}}$$

と分解し次の 3 つが成り立つことから示される．

- $\dfrac{\overline{X} - \mu_0}{\sqrt{\sigma^2/n}}$ は $N(0,1)$ に従う．
- 分母の $\dfrac{(n-1)S^2}{\sigma^2}$ は χ^2_{n-1} に従う．
- 上の 2 つの確率変数は互いに独立である．

(4.16) の T は $T \sim t_{(n-1)}$ であるので，有意水準 α に対して $t_{(n-1)}$ の上側 100α パーセント点 $t_\alpha(n-1)$ を使って，(4.13) の検定を次のように行う．標本値 $x_1, \ldots, x_n$ が得ら

れたとき, (4.15) の S^2 と (4.16) の T にこれらを代入して, それらを s^2, t とする.

$$s^2 = \frac{1}{n-1} \sum_{i=1}^{n} (x_i - \bar{x})^2 \qquad t = \frac{\bar{x} - \mu_0}{\sqrt{s^2/n}}$$

- (4.13) の両側検定 (1) の場合, $|t| > t_{\alpha/2}(n-1)$ ならば H_0 を棄却する. そうでなければ H_0 を受容する.

- (4.13) の右片側検定 (2) の場合, $t > t_{\alpha}(n-1)$ ならば H_0 を棄却する. そうでなければ H_0 を受容する..

- (4.13) の左片側検定 (3) の場合, $t < -t_{\alpha}(n-1)$ ならば H_0 を棄却する. そうでなければ H_0 を受容する.

　(4.16) の検定統計量 T が t 分布に従うことから, この母平均に関する検定方式は t 検定 (t-test) と呼ばれる.

(**σ^2 が未知で n が十分大きい場合**) $\cdots$ 標本サイズ n が十分に大きい場合, 標本値の s^2 を $s^2 \approx \sigma^2$ と考えて, σ^2 を既知とする正規分布を用いた方法で検定を行うこともある. 2023 年 3 月現在, 高校数学では, t 検定を行わずこの方法で検定することが主流である.

問題 4.8.1　あるハンバーガーショップで販売されているフライドポテトの M サイズは, 平均 135g と公表されている. 以前から不信感をもっていた客が「この店の M サイズの重さは公表値と違うではないか」と主張してきた. そこで, 店長は店員の作ったフライドポテト M サイズをランダムに 10 個抜き取り, 調査することにした. そのときの M サイズの重さのデータは以下の通りである.

$$[134, 129, 137, 132, 131, 136, 136, 131, 133, 126]$$

フライドポテト M サイズの重さは正規分布に従うと仮定し, この店で販売されているフライドポテト M サイズの平均を μ とする.

1. 標本平均, 不偏分散による標準偏差を求めよ.

2. ランダムに抜き取られた 10 個のデータを用いて，帰無仮説 $H_0 : \mu = 135$ に対して対立仮説 $H_1 : \mu \neq 135$ の両側検定を，有意水準 5% で行え．

3. 不信感をもっていた客が「公表値よりすくないのではないか」と主張していた場合には，片側検定を行うことになる．この場合の対立仮説を明記し，有意水準 5% で検定を行え．

```python
import numpy as np
from scipy.stats import t
from scipy.stats import ttest_1samp
#1標本問題の t 検定を行うパッケージのインポート

#データ
d = [134, 129, 137, 132, 131, 136, 136, 131, 133, 126]
np.mean(d)  #平均の計算
>> 132.5


np.var(d,ddof=1)
# (サンプルサイズ) - 1 で割る不偏分散のため ddof = 1とする.
>> 11.833333333333334


round(10*np.var(d,ddof=1))/10
#有効数字 3桁にするために，10倍して四捨五入後に再び 10で割る.
>> 11.8
```

不偏分散は 11.8 である．1 標本問題での母平均の検定は `ttest_1samp` で行うことができる．

```
18  ttest_1samp(d, popmean=135)
19  >> TtestResult(statistic=-2.2981927988846085,
    ↪   pvalue=0.04713857327442958, df=9)
```

ttest_1samp の出力結果の statistic=-2.298... は，検定統計量 (4.16) に実現値 $\bar{x} = 11.8...$ を代入したときの値であり，df=9 は t 分布の自由度 10-1 を表す．pvalue=0.047... が設定した有意水準 0.05 より小さいので H_0 を棄却する．つまり，積極的に公表値と違うという結論となる．p 値（pvalue）について少し補足する．t 値を t_0（statistic=-2.298... のこと）とするとき t_0 が負であること，および，t 分布が原点で対称であることに注意して，p 値は

$$p \text{ 値} = \Pr(T < t_0) + \Pr(T > -t_0) = 2\Pr(T < t_0) \tag{4.17}$$

となる．この p 値は帰無仮説 H_0 の下で実現値 t_0 が起きる起きやさすさの確率として解釈できる．Python では t 分布の分布関数（t.cdf）を使って

```
20  t.cdf(-2.2981927988846085,df=len(d)-1)
21  >> 0.02356928663721479
22
23  t.cdf(-2.2981927988846085,df=len(d)-1) * 2
24  >> 0.04713857327442958
```

となり，pvalue が (4.17) で計算できていることがわかる．

最後に問題 4.8.1 の 3 では

$$H_0 : \mu = 135 \quad H_1 : \mu < 135$$

の左片側検定となる．さきほどの ttest_1samp のオプションで alternative='less'

を付け加えて

```
25  ttest_1samp(d,popmean=135,alternative='less')
26  >> TtestResult(statistic=-2.2981927988846085,
    ↪   pvalue=0.02356928663721479, df=9)
```

となり，p 値が 0.05 より小さいので H_0 を棄却する．この p 値は
`t.cdf(-2.2981927988846085,df=len(d)-1)` と同じ値であり

$$p \text{ 値} = \Pr(T < t_0)$$

で計算されている．なお，右片側検定の場合には `ttest_1samp` のオプションで
`alternative='greater'` とする．

4.9　母平均の検定：2 標本問題

　1 標本問題と同様にデータの従う分布は正規分布と仮定する．2 標本問題は，二組の標本に対応のある場合とない場合の検定問題とに分けられる．例えば，n 人の被験者に血圧の薬を投与することにし，投与前の血圧を表す確率変数を $X_1, \ldots, X_n$ とし，同じ人たちの投与後の血圧を表す確率変数を $Y_1, \ldots, Y_n$ とするような場合は，対応のある場合の検定問題であり，投与後の効果を知りたい場合である．一方で，小学校 1 年生の 1 組と 2 組の算数の試験の点数を表す確率変数をそれぞれ X と Y とするような場合が，対応のない場合に相当する．対応のある場合とない場合で検定統計量の作り方が違うことに注意する．

対応のある場合 $\cdots$ n 人の被験者に血圧の薬を投与することにした例では，投与前と投与後の差をとり，$W_i = X_i - Y_i\ (i = 1, \ldots, n)$ が互いに独立に $N(\mu, \sigma)$ に従うとして，1

標本問題の検定方法を踏襲すればよい.

対応のない場合 $\cdots$ 小学校 1 年生の 1 組と 2 組の算数の試験の点数を表す確率変数をそれぞれ X と Y とし，1 組が n_1 人，2 組が n_2 人いるとする．また，$X_1, \ldots, X_{n_1}$ は互いに独立に $N(\mu_1, \sigma^2)$，また，$Y_1, \ldots, Y_{n_2}$ は互いに独立に $N(\mu_2, \sigma^2)$ に従うと仮定する．ここで，1 組と 2 組の分散は同じ σ^2 であることに注意する．もし，1 組と 2 組の分散が異なり未知の場合はベーレンス・フィッシャー問題と呼ばれ，検定方法が難しくなるので本稿では立ち入らないことにする．

1 組と 2 組の平均が同じかどうかの検定問題として，帰無仮説 H_0 を $H_0 : \mu_1 = \mu_2$ とし，両側検定 (1)，右片側検定 (2)，左片側検定 (3) は次である．

(1) $H_0 : \mu_1 = \mu_2$ $\quad H_1 : \mu_1 \neq \mu_2$ $\qquad$ (2) $H_0 : \mu_1 = \mu_2$ $\quad H_1 : \mu_1 > \mu_2$

(3) $H_0 : \mu_1 = \mu_2$ $\quad H_1 : \mu_1 < \mu_2$

ここで，標本平均 $\overline{X}$ と $\overline{Y}$ の分布を確認しておくと，それぞれ

$$\overline{X} \sim N\left(\mu_1, \frac{\sigma^2}{n_1}\right), \qquad \overline{Y} \sim N\left(\mu_2, \frac{\sigma^2}{n_2}\right)$$

となる．さらに $\overline{X}$ と $\overline{Y}$ は独立であるので，帰無仮説 $H_0 : \mu_1 = \mu_2$ の下で $\overline{X} - \overline{Y}$ の従う分布は $N\left(0, \frac{\sigma^2}{n_1} + \frac{\sigma^2}{n_2}\right)$ となる．したがって

$$Z = \frac{\overline{X} - \overline{Y}}{\sqrt{\dfrac{\sigma^2}{n_1} + \dfrac{\sigma^2}{n_2}}}$$

は標準正規分布に従う．分散 σ^2 が既知の場合にはこのことを利用して検定を行えばよい．

他方 σ^2 が未知の場合には，1 組と 2 組の標本分散をそれぞれ

$$S_1^2 = \frac{1}{n_1 - 1} \sum_{i=1}^{n_1} (X_i - \overline{X})^2, \quad S_2^2 = \frac{1}{n_2 - 1} \sum_{i=1}^{n_2} (Y_i - \overline{Y})^2,$$

とする. これらをプールした標本分散

$$S^2 = \frac{(n_1 - 1)S_1^2 + (n_2 - 1)S_2^2}{n_1 + n_2 - 2} \tag{4.18}$$

で σ^2 を推定する. これは σ^2 の不偏推定量である. 帰無仮説 $H_0 : \mu_1 = \mu_2$ の下で検定統計量

$$T = \frac{\overline{X} - \overline{Y}}{\sqrt{\left(\frac{1}{n_1} + \frac{1}{n_1}\right) S^2}}$$

は, 自由度 $n_1 + n_2 - 2$ の t 分布に従うので, これを利用して検定を行えばよい.

問題 4.9.1 問題 4.8.1 の続きで, ハンバーガーショップの経営者は東京と大阪で販売されているフライドポテトの M サイズの重さが同じかどうか, 気になった. そこで平均の同等性検定を行うことにして東京と大阪のお店から 10 個のデータを取り寄せた. 提供されたデータは以下の通りである.

$$\text{東京:} \quad [133, 135, 132, 132, 140, 138, 134, 135., 136, 138]$$
$$\text{大阪:} \quad [134, 129, 137, 132, 131, 136, 136, 131, 133, 126]$$

東京と大阪のお店のポテトの重さは, それぞれ独立に平均 μ_A, μ_B の正規分布に従うとし, その分散はともに σ^2 とする.

1. 東京と大阪のお店での標本平均を求めよ.

2. 東京と大阪のお店のデータからプールした分散（σ^2 の不偏推定値）を求めよ.

3. 有意水準 5% で, $H_0 : \mu_A = \mu_B$, $H_1 : \mu_A \neq \mu_B$ を検定せよ.

2 標本の t 検定を行うために, `scipy.stats.ttest_ind` をインポートする.

```
1  from scipy.stats import ttest_ind
2
3  tokyo = [133,135,132,132,140,138,134,135,136,138]
4  osaka = [134,129,137,132,131,136,136,131,133,126]
```

```
 5
 6  #平均
 7  print(" Tokyo:{}  \n Osaka:{}".format(np.mean(tokyo),
    ↪  np.mean(osaka)))
 8  > Tokyo:135.3
 9  > Osaka:132.5
```

東京と大阪のデータの分散，それらをプールした分散 (4.18) を計算しておく．

```
10  n1 = len(tokyo)
11  n2 = len(osaka)
12  s1 = np.var(tokyo, ddof=1)
13  s2 = np.var(osaka, ddof=1)
14  spl =( (n1 - 1)*s1 + (n2 - 1)*s2 )/(n1 + n2 - 2)
15
16  print(" T: {}\n O: {} \n Pooled: {}".format(s1,s2,spl))
17  > T: 7.344444444444444
18  > O: 11.833333333333334
19  > Pooled: 9.588888888888889
20
21  ttest_ind(tokyo,osaka)
22  > Ttest_indResult(statistic=2.021896359836211,
    ↪  pvalue=0.05830870645923112)
```

p 値が 0.0583 となり，有意水準 0.05 よりも大きいので，帰無仮説 $H_0 : \mu_1 = \mu_2$ を受容する．なお，statistic と pvalue は以下のように計算できる．

```
23  tval = (np.mean(tokyo) -
    ↪   np.mean(osaka))/(np.sqrt(spl)*(np.sqrt(1/n1 + 1/n2)))
24  print(tval)
25  > 2.021896359836211
26
27  (1 - t(df=n1+n2-2).cdf(tval))*2
28  > 0.05830870645923114
```

4.10　第1種の過誤と第2種の過誤

　統計的仮説検定では，帰無仮説 H_0 のもとで得られたデータが起きることが極めて希であるのか，そうでないのかで棄却するか受容するかを決定している．しかし，希にしか起こりえないといっても起こらないわけではないので，本当は H_0 が正しいのに棄却されてしまうこともありえる．この誤りを第一種の過誤，あるいは，タイプ I エラー（I はワンと読み，タイプワンエラー）という．有意水準 α はこの第一種の過誤を設定していることになる．一方，対立仮説が正しいもとで，H_0 を受容してしまう誤りのことを第2種の過誤，あるいは，タイプ II エラー（タイプツーエラー）という．第2種の過誤の確率を通常 β で表す．対立仮説が真（H_0 が偽）のときに，H_0 を棄却し H_1 を正しいと判断する確率は $1 - \beta$ であるので，この確率は大きい方がよい．この $1 - \beta$ を検出力という．

	H_0 を受容(棄却しない)	H_0 を棄却
H_0 が真	正しい判断	誤った判断（第一種の過誤）
H_0 が偽	誤った判断（第二種の過誤）	正しい判断

図 4.8 では，右片側検定で有意水準 α を設定した上での第 2 種の過誤 β の値を上下の図で比較している．検定統計量を T としたとき，それぞれの仮説での分布関数

$$\Pr[T < t \mid H_i] \quad (i = 0, 1)$$

を考えると，α の上側 100α パーセント点を t_α として

$$\alpha = \Pr[T > t_\alpha \mid H_0], \qquad \beta = \Pr[T < t_\alpha \mid H_1]$$

となる．図 4.8 の上下の図では，下図の β の値の方が上図よりも小さく，したがって，検出力 $1 - \beta$ も下図が大きくなる．

統計的検定では，帰無仮説 H_0 と H_1 を設定した場合に，検定するための検定統計量 T と，T が H_0 のもとでどのように分布するか，つまり，T の分布を知る必要がある．仮に H_0 のもとで分布のわかる検定統計量 T_1 と T_2 があった場合に，どちらの検定統計量が検定にふさわしいかの判断には，検出力を比較して決めることになる．

問題 4.10.1 無作為標本 $X_1, \ldots, X_n$ が，分散 σ^2 が既知の $N(\mu, 1)$ に従うとし，サンプル数 n は $n = 20$ とする．帰無仮説 H_0 と対立仮説 H_1 をそれぞれ

$$H_0 : \mu = 0 \quad H_1 : \mu = 1$$

とする検定を，次の 3 つの検定統計量で行うことにする．ただし，有意水準 α は $\alpha = 0.05$ にとる．

$$T_1 \equiv T_1(X_1, \ldots, X_n) = \sum_{i=1}^{n} (X_i - \overline{X})^2$$

$$T_2 \equiv T_1(X_1, \ldots, X_n) = \sum_{i=1}^{n} X_i^2$$

$$T_3 \equiv T_1(X_1, \ldots, X_n) = \overline{X}$$

図 4.8 のように対立仮説に設定される μ が大きくなればなるほど第 2 種の過誤 β は小さくなり，検出力は大きくなることが期待される．

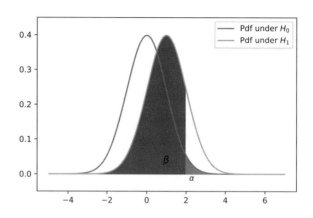

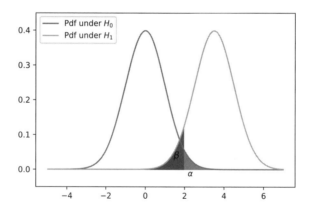

図 4.8 第 1 種の過誤 α と第 2 種の過誤 β

1. 帰無仮説 $H_0 : \mu = 0$ のもとでの T_1, T_2, T_3 の従う分布を答えよ.

2. 対立仮説 $H_1 : \mu = 1$ のもとでの T_1, T_2, T_3 の従う分布を答えよ.

3. T_1, T_2, T_3 の検出力等を比較し, これらの検定統計量を用いることの妥当性を検討せよ.

帰無仮説 H_0 のもとで T_1, T_2, T_3 はそれぞれ以下の分布に従う.

$$T_1 \sim \chi^2(n-1), \quad T_2 \sim \chi^2(n), \quad T_3 \sim N\left(0, \frac{1}{n}\right)$$

有意水準 $\alpha = 0.05$ での棄却限界点はそれぞれ $t_1(\alpha) = 30.14$, $t_2(\alpha) = 31.41$, $t_3(\alpha) = 0.368$ となる. これらの Python での計算方法は以下の通りである.

```python
from scipy.stats import chi2
from scipy.stats import norm

t1=chi2.ppf(0.95,df=19)
print(t1)
> 30.14352720564616

t2=chi2.ppf(0.95,df=20)
print(t2)
> 31.410432844230918

t3=norm.ppf(0.95)/np.sqrt(20)
print(t3)
0.3678004522900572

#もしくは t3 は以下でも同じ答えとなる.
```

```
45  norm(0,scale=1/np.sqrt(20)).ppf(0.95)
46  > 0.3678004522900572
```

次に各検定統計量の $H_1 : \mu = 1$ のもとでの分布はそれぞれ

$$T_1 \sim \chi^2(n-1), \quad T_2 \sim \chi^2(n, n\mu^2), \quad T_3 \sim N\left(\mu, \frac{1}{n}\right)$$

となる．ここで，$\chi^2(n, \delta)$ は自由度 n，非心度 $\delta > 0$ の非心 χ^2 分布を表す．検定統計量 T_1 は H_0 と H_1 の両方で自由度 $n-1$ の χ^2 分布となっているので，検出力は有意水準と同じ $\alpha = 0.05$ となる．このことは T_1 は H_0 のもとでの分布がわかっているものの，$\mu \neq 1$ を全く検出できない統計量であることを意味する．この T_1 の例からわかるように検出力 $1 - \beta$ は少なくとも有意水準 α を超えた方が良い．次に T_2 は非心度 $n\mu^2 = 20$，自由度 $n = 20$ の非心 χ^2 分布であり，検出力は 0.775 となる．3 番目の T_3 の検出力は 0.997 であり，3 つの検定統計量の中では T_3 がよい検定統計量であることがわかる．Python での計算方法は次の通りである．

```
47  # T1 の検出力
48  1- chi2.cdf(t1,df=19)
49  > 0.050000000000000044
50
51  #T2 の検出力計算のため
52  #非心カイ二乗分布のパッケージをインポート
53  from scipy.stats import ncx2
54  1-ncx2.cdf(t2,df=20,nc=20)
55  > 0.7750745705671975
56
57  #T3 の検出力計算
```

```
58  1-norm(loc=1, scale=1/np.sqrt(20)).cdf(t3)
59  > 0.9976527540587823
```

4.11 その他の検定 ···➤

　統計的検定では，状況に応じた適切な検定統計量を選択し，帰無仮説のもとで検定統計量の従う分布がわかることが重要である．母比率の検定，母平均の検定以外の代表的な検定について，簡単にまとめておく．

4.11.1 分布の適合度検定

　分布の適合度検定では，検定統計量 X として

$$X = \sum_{i=1}^{n} \frac{(O_i - E_i)^2}{E_i} \tag{4.19}$$

が自由度 $n-1$ の χ^2 分布に従うことを利用する．ここで O_i は観測度数（Observed value），E_i は期待度数（Expected value）を表す．(4.19) では，帰無仮説 H_0 で指定される分布に応じた期待度数 $E_1, \ldots, E_n$ と，観測度数 $O_1, \ldots, O_n$ の乖離度を総合的に測っている指標である．観測度数と期待度数が全て一致すれば，(4.19) の値はゼロとなる．

問題 4.11.1　次の表は，あるコールセンターへの問い合わせの数を，ある 1 週間分まとめたものである．曜日によって「問い合わせ」の回数に差があるか否かを考える．

　「曜日によって問い合わせの回数が異ならない」という帰無仮説を立て，一様性の検定を有意水準 5% で行う．

曜日	月	火	水	木	金	土	日	合計
回数	9	6	6	6	8	10	11	56

この問題の場合，期待度数は $56/7 = 8$ であり，$E_1 = E_2 = \cdots = E_7 = 8$ である．また，観測度数は $O_1 = 9, O_2 = 6, \ldots, O_7 = 11$ である．帰無仮説 H_0 は曜日によって問い合わせ数が変わらない，つまり

$$H_0 : E_1 = E_2 = \cdots = E_7 = 8$$

である．

```python
from scipy.stats

expected = [8]*7 #[8,...,8]:8を7個作っている
print(expected)
>> [8, 8, 8, 8, 8, 8, 8]

observed=[9,6,6,6,8,10,11]
print(observed)
>> [9, 6, 6, 6, 8, 10, 11]
```

(4.19) の実現値は次のように計算し，3.25 である．

```python
sum(
    [(i-j)**2/j for i, j in zip(observed, expected)]
    )
>> 3.25
```

検定統計量 X は自由度 6 の χ^2 分布に従う．また，p 値は

$$\Pr(X > 3.25) = 1 - \Pr(X \leq 3.25)$$

であるので

```
1  1- stats.chi2(6).cdf(3.25)
2  >> 0.7768780935790468
```

0.77 と有意水準 $\alpha = 0.05$ よりもかなり大きい値である. したがって, H_0 を受容する. Python では stats.chisquare を使っても検定を行うことができる.

```
3  stats.chisquare(observed,expected)
4  >> Power_divergenceResult(statistic=3.25,
5  pvalue=0.7768780935790468)
```

問題 4.11.2 次のデータは, あるデパートにおいて, 1 週間の間に迷子を呼び出した回数を, 90 週分まとめたものである.

呼び出し回数(回)	0	1	2	3	4	5	6	7	8	9	10以上	計
週数	6	8	20	22	16	10	5	2	0	0	1	90

例えば, ある 1 週間に 3 回迷子の呼び出しを行った週は, 90 週のうち 22 週である.

1. この表から求めた 90 週分の迷子の呼び出し件数の平均は 3.13 回, および標準偏差 1.78 回である. これらの計算方法を答えよ.

2. 平均と分散の値から, 平均と分散の値が非常に近いことがわかる. したがって, 迷子の呼び出しの分布が, パラメータ $\lambda = 3.11$ のポアソン分布に従うと予想できる. このポアソン分布を利用して, 迷子の呼び出し回数 $x = 0, \ldots, 10$ に関する期待度数を求めよ.

3. 2.の期待度数と観測度数から $\lambda = 3.11$ のポアソン分布の適合度を検討せよ.

1. 平均 m の計算は以下の通り.

$$m = 0 \times \frac{6}{90} + 1 \times \frac{8}{90} + \cdots + 10 \times \frac{1}{90} = 3.11$$

```python
import numpy as np
from scipy import stats

observed=np.array([6,8,20,22,16,10,5,2,0,0,1])
rang = np.array(range(11))
m = np.dot(rang, observed)/sum(observed)
print(m)
>> 3.1333333333333333
```

次に分散 v を計算する.

$$v = (0-m)^2 \times \frac{6}{90} + (1-m)^2 \times \frac{8}{90} + \cdots + (10-m)^2 \times \frac{1}{90} = 3.18$$

標準偏差は $\sqrt{v} = 1.78$ となる.

```python
dd = rang - m
print(dd)
>> [-3.13333333 -2.13333333 -1.13333333 -0.13333333
↪   0.86666667  1.86666667   2.86666667  3.86666667
↪   4.86666667  5.86666667  6.86666667]

v = np.dot(dd**2, observed)/sum(observed)
print(v)
>> 3.1822222222222227
```

```
16   #標準偏差
17   v**0.5
18   >> 1.7838784213679537
```

2., 3. 標本の平均 $m = 3.11$ と分散 $v = 3.18$ の値から，両者が近い値である．ポアソン分布は平均と分散の値が同じであることから，平均 $\lambda = 3.11$ のポアソン分布がデータに適合することが予想される．検定問題としては

帰無仮説 H_0：取られたデータはパラメータはパラメータ λ のポアソン分布に従う．

対立仮説 H_1：H_0 ではない．

となり，(4.19) の検定統計量を用いる．なお，この検定の場合には，帰無仮説 H_0 を受け入れたい立場である．

呼び出し回数（回）	0	1	2	3	4	5
期待度数	4.01	12.48	19.41	20.12	15.65	9.73
呼び出し回数（回）	6	7	8	9	10以上	計
期待度数	5.04	2.24	0.87	0.3	0.13	89.98

小数点 3 桁を四捨五入しているので，上の表では期待度数総和が 90 にはならないことに注意する．しかし，Python での以下の計算では，小数点 3 桁を四捨五入せずに計算している．

```
19   po01 = [ stats.poisson(3.11).pmf(x) for x in range(10)]
20   print(po01)
21   [0.044600955340274535,..., 0.003345219576487885]
```

上の po01 には $x = 0, \ldots, 9$ までの確率の値が代入されている．$x \geq 10$ の確率を求めるためには，1 - sum(po01) とすればよい．再度，1 - sum(po01) の値を po01 の末尾に加えておく．

```
22  po01.append(1 - sum(po01))
```

po01 の要素に 90 をかけたものが期待度数になるので

```
23  nn = sum(observed)
24  po02 = [nn * i for i in po01]
25  print(po02)
26  [4.014085980624708, 12.483807399742842, 19.412320506600118,
     ↪   20.12410559184212, 15.64649209765725, 9.732118084742817,
     ↪   5.044481207258355, 2.2411909363676408,
     ↪   0.8712629765129206, 0.30106976188390966,
     ↪   0.12906545676733217]
```

po02 として期待度数を求めておく. stats.chisquare で (4.19) の検定統計量での検定を行うと

```
27  stats.chisquare(observed, po02)
28  Power_divergenceResult(statistic=9.876721087836202,
     ↪   pvalue=0.45137482779085436)
```

となり, p 値 (pvalue) が 0.45 と 0.05 より大きいため H_0 を受容する. つまり, 観測データはポアソン分布に従うと考える.

4.11.2 分割表に関する検定

複数の変数の組ごとに，集計したものを分割表という．一般に分割表は，表 4.1 のような表形式であり，$\ell \times k$ 行列 $X = (x_{ij})$ のことをいう．ここで，各 (i, j) 要素の x_{ij} は観測度数を，行和を r_i，列和を c_j とする．つまり，

$$r_i = \sum_{j=1}^{\ell} x_{ij}, \quad c_j = \sum_{i=1}^{\ell} x_{ij},$$

分割表の検定では，属性 A と B が独立であるという独立性の検定と，一様性の検定の 2 種類があるが，どちらの検定においても検定統計量とその従う分布は同じである．

表 4.1 で，属性 A と B が独立あるという帰無仮説下では (i, j) 要素の期待度数が

$$\mu_{ij} = \frac{r_i c_i}{N} \tag{4.20}$$

で与えられる．(4.19) の分布の適合度検定と同じように (4.21) で定義される χ^2 の検定統計量

$$\chi^2 = \sum_{i=1}^{k} \sum_{j=1}^{\ell} \frac{(x_{ij} - \mu_{ij})^2}{\mu_{ij}} = \sum_{i=1}^{k} \sum_{j=1}^{\ell} \frac{(x_{ij} - r_i c_i/N)^2}{r_i c_i/N} \tag{4.21}$$

表 4.1 $k \times \ell$ 分割表

属性 B ＼ 属性 A	1	2	$\ldots$	ℓ	計
1	x_{11}	x_{12}	$\ldots$	$x_{1\ell}$	r_1
2	x_{21}	x_{22}	$\ldots$	$x_{2\ell}$	r_2
$\vdots$	$\vdots$	$\vdots$		$\vdots$	$\vdots$
k	x_{k1}	x_{k2}	$\ldots$	$x_{k\ell}$	r_k
計	c_1	c_2	$\ldots$	c_ℓ	N

は自由度 $(k-1) \times (\ell-1)$ の χ^2 分布に従うことが知られている．ただし，この χ^2 検定は疎な分割表セルの頻度が5以下）だと χ^2 分布への近似が悪くなり，利用には注意が必要となる．

問題 4.11.3　ある大学に通う大学生 80 人を無作為に選び，アルバイトをしているかどうかを集計した．

	している	していない	計
男性	35	7	42
女性	29	9	38
計	64	16	80

上の分割表において，「性別とアルバイトの有無は無関係である」という帰無仮説を立てて，分割表の独立性の検定を行いなさい．ただし，有意水準 α は 0.05 とする．

分割表の独立性の検定を行うために，python では，scipy.stats の関数

$$\texttt{chi2\_contingency}$$

を利用する．

```python
from scipy import stats
stats.chi2_contingency([[35,7],[29,9]])
>> Chi2ContingencyResult(statistic=0.25375939849624063,
    pvalue=0.6144403211047347, dof=1,
    expected_freq=array([[33.6,  8.4],
        [30.4,  7.6]]))
```

期待度数は expected_freq=array([[33.6, 8.4],[30.4, 7.6]] となっており，自由度は 1(dof=1)，p 値 (pvalue) が 0.614 であり，0.05 より大きいので帰無

仮説を受容する.

　次の例は，20代と50代の世代間でランチ選びの嗜好が同じかどうか，つまり，ランチの選び方の分布が同じであるかどうかの一様性の検定の例である.

問題 4.11.4　あるショッピング街を歩く20代と50代の男女のカップル95組を無作為に選び，今からのランチはどこにいきますか？　と聞いてみた.

	和食	中華	洋食	エスニック	その他	計
20代男女	8	16	8	12	5	47
50代男女	18	6	15	7	2	48
計	26	22	23	19	7	95

上の分割表において，「20代と50代のランチ選びの嗜好は同じである」という帰無仮説を立てて，分割表の一様性の検定を行いなさい.　ただし，有意水準 α は0.05とする.

```
5  stats.chi2_contingency([[8,16,8,12,5],[18,6,15,7,2]])
6  >> stats.chi2_contingency([[8,16,8,12,5],[18,6,15,7,2]])
7  Chi2ContingencyResult(statistic=13.114631494301554,
   ↪   pvalue=0.010729056256787911, dof=4,
   ↪   expected_freq=array([[13.13402062, 11.11340206,
   ↪   11.6185567 ,  9.59793814,  3.53608247], [12.86597938,
   ↪   10.88659794, 11.3814433 ,  9.40206186,  3.46391753]]))
```

　分割表の一様性検定においても，分割表の独立性と同じ検定統計量 (4.21) が，帰無仮説の下で自由度 $(k-1) \times (\ell-1)$ の χ^2 分布に従うことを利用する.　p 値が0.0107であって0.05より小さいので，帰無仮説を棄却し，「20代と50代のランチ選びの嗜好は同じではない」と結論づける.　なお，分割表のサイズが 2×5 なので，自由度は $(2-1) \times (5-1) = 4$ であり，Chi2ContingencyResult では確かに dof=4 となっている.

母相関係数 ρ の二変量正規分布から独立に取られた n 個の標本を

$$(x_1, y_1)^\top, \ldots, (x_n, y_n)^\top$$

とする．このとき，標本相関係数 $r_{x,y}$ は

$$r_{x,y} = \frac{\sum_{i=1}^{n}(x_i - \bar{x})(y_i - \bar{y})}{\sqrt{\sum_{i=1}^{n}(x_i - \bar{x})^2}\sqrt{\sum_{i=1}^{n}(y_i - \bar{y})^2}} \tag{4.22}$$

で定義される．この標本相関係数は，次の線形変換:

$$z = a_1 x + b_1, \quad w = a_2 y + b_2 \tag{4.23}$$

で不変であって，つまり

$$r_{z,w} = r_{x,y} \tag{4.24}$$

が成り立つ．ただし，$a_1 > 0$, $a_2 > 0$ とする．したがって，変量 x と y の尺度を変えたり，定数を足したり引いたりしても標本相関係数の値は変わらない．(4.24) は以下のように確かめられる．

$$
\begin{aligned}
r_{z,w} &= \frac{\sum_{i=1}^{n}(z_i - \bar{z})(w_i - \bar{w})}{\sqrt{\sum_{i=1}^{n}(z_i - \bar{w})^2}\sqrt{\sum_{i=1}^{n}(w_i - \bar{w})^2}} \\
&= \frac{\sum_{i=1}^{n}(a_1 x_i + b_1 - a_1 \bar{x} - b_1)(a_2 y_i + b_2 - a_2 \bar{y} - b_2)}{\sqrt{\sum_{i=1}^{n}(a_1 x_i + b_1 - a_1 \bar{x} - b_1)^2}\sqrt{\sum_{i=1}^{n}(a_2 y_i + b_2 - a_2 \bar{y} - b_2)^2}} \\
&= \frac{a_1 a_2 \sum_{i=1}^{n}(x_i - \bar{x})(y_i - \bar{y})}{\sqrt{a_1^2 \left[\sum_{i=1}^{n}(x_i - \bar{x})^2\right]}\sqrt{a_2^2 \left[\sum_{i=1}^{n}(y_i - \bar{y})^2\right]}} \\
&= \frac{a_1 a_2}{|a_1 a_2|} \frac{\sum_{i=1}^{n}(x_i - \bar{x})(y_i - \bar{y})}{\sqrt{\sum_{i=1}^{n}(x_i - \bar{x})^2}\sqrt{\sum_{i=1}^{n}(y_i - \bar{y})^2}}
\end{aligned}
$$

$$= r_{x,y}$$

同様に，変量 x と y の母相関係数 ρ も線形変換 (4.23) で不変である．

母相関係数 $\rho = 0$ のとき

$$\frac{\sqrt{n-2}\,r}{\sqrt{1-r^2}} \tag{4.25}$$

は自由度 $n-2$ の t 分布に従う．　このことを利用して，母相関係数 ρ がゼロかそうでないかの検定ができる．

問題 4.11.5　表 2.1 の平成 27 年の愛媛県の市町村別男女の平均寿命について，母相関係数が ρ がゼロであるかどうかを検定せよ．

　帰無仮説 $H_0: \rho = 0$，対立仮説 $H_1: \rho \neq 0$ の無相関であるかどうかの検定は，python では scipy.stats の pearsonr で行うことができる．

```
from scipy.stats import pearsonr

pearsonr(df_Ehime["M"],df_Ehime["F"])
>> PearsonRResult(statistic=0.24502695607425834,
    pvalue=0.29777507041066603)
```

statistic=0.245 は標本相関係数の値であり，p 値（pvalue）は 0.30 であって 0.05 より大きいので H_0 を受容する．

　また，(4.25) が自由度 $n-2$ の t 分布に従うことによる計算方法は以下の通りである．

```
import numpy as np

n = len(df_Ehime["M"])
```

```
8   r = np.corrcoef(df_Ehime["M"],df_Ehime["F"])[0,1]
9   print(r)
10  >> 0.24502695607425826
```

　標本相関係数の値が 0.245 であることがわかる．(4.25) の値が 1.072 であり，t 分布の計算による p 値は，両側検定であることに注意して

$$2 \ * \ (1 \ - \ t(n-2).cdf(tt))$$

で計算できて 0.298 であり，pearsonr の pvalue と等しい．

```
11  from scipy.stats import t
12  tt = np.sqrt(n -2) * r / np.sqrt(1- r**2)
13  print(tt)
14  >> 1.0722474385615484
15
16  2 * (1 - t(n-2).cdf(tt))
17  >> 0.29777507041066653
```

第5章 回帰分析

本章では，単回帰分析と重回帰分析について説明する．単回帰分析では，目的変数が説明変数の一次式として表せること，切片と傾きをどのようにデータから推定すればよいかを理解してほしい．また，単回帰分析の切片と傾きに関する統計的推測の問題にも触れる．重回帰分析では，説明変数で目的変数を近似しようとしていることを説明し，どの重回帰式を選択するかといったモデル選択の問題にも触れる．

5.1 単回帰分析

変数 y と x の間に直線関係を仮定して，さらに誤差 ϵ を含むモデル (5.1) を考える．

$$y = \beta_0 + \beta_1 x + \epsilon \tag{5.1}$$

この (5.1) において変数 y を目的変数あるいは従属変数，x を説明変数あるいは独立変数という．また，$\beta_0 + \beta_1 x$ を回帰直線といい，β_0, β_1 を回帰係数という．このモデルの仮定のもとで，n 組のデータ $(x_1, y_1), \ldots, (x_n, y_n)$ が取られたとき，これらのデータに最もフィットするように β_0 と β_1 を求めて，それらを $\widehat{\beta}_0, \widehat{\beta}_1$ とする．これら $\widehat{\beta}_0, \widehat{\beta}_1$ は，最小二乗法の原理により

$$\widehat{\beta}_1 = \frac{\sum_{i=1}^{n}(x_i - \overline{x})(y_i - \overline{y})}{\sum_{i=1}^{n}(x_i - \overline{x})^2}, \qquad \widehat{\beta}_0 = \overline{y} - \hat{\beta}_1 \overline{x} \tag{5.2}$$

となる．最小二乗法については付録 A.3.2 を参照のこと．ここで $\widehat{y}_i = \widehat{\beta}_0 + \widehat{\beta}_1 x_i$ とおくとき，$e_i = y_i - \widehat{y}_i \ (i = 1, \ldots, n)$ を残差といい，

$$\sum_{i=1}^{n} e_i^2 = \sum_{i=1}^{n} (y_i - \widehat{y}_i)^2 \tag{5.3}$$

を残差平方和，もしくは残差変動という．(5.2) は残差平方和 (5.3) が最も小さくなるように定められた値である．残差平方和がゼロのときは，すべての e_i がゼロであり，$y_i = \widehat{y}_i$ となることに注意する．

データ (x, y) を x=np.array([-2,-1,0,1,2]) のような 1 次元配列の組として (5.2) を求める Python の関数を作ってみる．x = np.array([-2,-1,0,1,2]) で y=2x+5 の場合は，推定される回帰直線も $y = 2x + 5$ となる．自作の関数が正しく作られたかどうかは，この場合で $(\widehat{\beta}_0, \widehat{\beta}_1) = (5, 2)$ となることを確認すればよい．

```python
import numpy as np
import matplotlib.pyplot as plt
from scipy.stats import linregress

x = np.array([-2,-1,0,1,2])
y = 2 * x + 5

def myEstLm(x, y): # Linear model: y = beta_0 + beta_1 x
    mx = sum(x)/len(x)
    my = sum(y)/len(y)
    x1 = x - mx
    y1 = y - my
    hatb1 = x1.dot(y1)/x1.dot(x1)
    hatb0 = my - hatb1*mx
```

```
15    print('beta_0(Intercept)={}, beta_1(slope)
  ↪  ={}'.format(hatb0, hatb1))
16    return [hatb0,hatb1]
17
18 res = myEstLm(x, y)
19 >> beta_0(Intercept)=5.0, beta_1(slope)=2.0
```

データ x，y と推定された直線」res[0] + res[1} * x を matplotlib.plt 関数で表示した図が図 5.1 であり，データ $(-2,-4),(-1,-2),(0,0),(1,2),(2,4)$ に対して $y = 2x + 5$ が推定されていることがわかる.

```
20 x0 = np.linspace(min(x)-1, max(x)+1,100)
21 plt.scatter(x,y)
22 plt.plot(x0, res[0]+res[1] * x0, color='red')
```

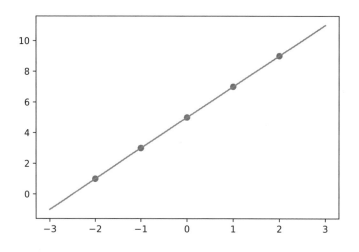

図 5.1　回帰式 $y = 2x + 5$

また，(5.2) の $\widehat{\beta}_1$ と $\widehat{\beta}_1$ は，x の標本分散と，x, y の標本共分散を用いることでも求めることができる．x の標本分散 $s_{x,x}$ と，x, y の標本共分散 $s_{x,y}$ をそれぞれ

$$s_{x,x} = \frac{1}{n-1} \sum_{i=1}^{n} (x_i - \overline{x})^2 \quad s_{x,y} = \frac{1}{n-1} \sum_{i=1}^{n} (x_i - \overline{x})(y_i - \overline{y})$$

とすると，$\widehat{\beta}_1$ は

$$\widehat{\beta}_1 = \frac{s_{x,y}}{s_{x,x}} \tag{5.4}$$

となる．したがって，$\widehat{\beta}_0$ は

$$\widehat{\beta}_0 = \overline{y} - \frac{s_{x,y}}{s_{x,x}} \overline{x} \tag{5.5}$$

である．さらに回帰直線 $y = \widehat{\beta}_0 + \widehat{\beta}_1 x$ には次の三つの性質がある．

[1]　回帰直線 $y = \widehat{\beta}_0 + \widehat{\beta}_1 x$ は $(\overline{x}, \overline{y})$ を通り，傾きは $\frac{s_{xy}}{s_{xx}}$ である．

[2] 回帰直線の点 $(x_1, \hat{y}_1), \ldots, (x_n, \hat{y}_n)$ に対して，$\hat{y}$ の平均 $\overline{\hat{y}}$ は y の平均に等しい．つまり

$$\overline{\hat{y}} = \overline{y}$$

である．ただし

$$\overline{\hat{y}} = \frac{1}{n} \sum_{i=1}^{n} \hat{y}_i.$$

このことから残差の和はゼロとなる．

$$\sum_{i=1}^{n} e_i = \sum_{i=1}^{n} (y_i - \hat{y}_i) = 0$$

[3] 残差 e と説明変数 x は直交する．つまり $(e_1, \ldots, e_n)$ と $(x_1, \ldots, x_n)$ の内積はゼロである．したがって，$(e_1, \ldots, e_n)$ と $(x_1 - \overline{x}, \ldots, x_n - \overline{x})$ の内積もゼロとなる．

$$\sum_{i=1}^{n} e_i x_i = \sum_{i=1}^{n} e_i (x_i - \overline{x}) = 0 \tag{5.6}$$

[1] の証明　傾きについては自明なので，回帰直線が $(\overline{x}, \overline{y})$ を通ることだけチェックする．回帰直線 $y = \hat{\beta}_0 + \hat{\beta}_1 x$ に対して，x に $\overline{x}$ を代入すると

$$y = (\overline{y} - \hat{\beta}_1 \overline{x}) + \hat{\beta}_1 \overline{x} = \overline{y}$$

となる．

[2] の証明　$\hat{y}$ の平均は

$$
\begin{aligned}
\overline{\hat{y}} &= \frac{1}{n} \sum_{i=1}^{n} \hat{y}_i \\
&= \frac{1}{n} \sum_{i=1}^{n} (\hat{\beta}_0 + \hat{\beta}_1 x_i) \\
&= \frac{1}{n} n \hat{\beta}_0 + \frac{\hat{\beta}_1}{n} \sum_{i=1}^{n} x_i \\
&= \hat{\beta}_0 + \hat{\beta}_1 \overline{x}
\end{aligned}
$$

$$= \overline{y}$$

となるので，$\overline{\hat{y}} = \overline{y}$ を得る．次に残差の和は

$$\sum_{i=1}^{n}(y_i - \widehat{y}_i) = n\overline{y} - n\overline{\hat{y}}$$
$$= n\overline{y} - n\overline{y}$$
$$= 0$$

となる．

[3] の証明　まず，(5.6) の第一項と第二項が等しいことを確かめる．[2] より $\sum_{i=1}^{n} e_i = 0$ なので

$$\sum_{i=1}^{n} e_i(x_i - \overline{x}) = \sum_{i=1}^{n} e_i x_i - \overline{x} \sum_{i=1}^{n} e_i$$
$$= \sum_{i=1}^{n} e_i x_i$$

となる．次に $\widehat{y}_i = \widehat{\beta}_0 + \widehat{\beta}_1 x_i$，$\overline{y} = \overline{\hat{y}} = \widehat{\beta}_0 + \widehat{\beta}_1 \overline{x}$，および，(5.4) により

$$\sum_{i=1}^{n} e_i(x_i - \overline{x}) = \sum_{i=1}^{n}(y_i - \widehat{y}_i)(x_i - \overline{x})$$
$$= \sum_{i=1}^{n}\{(y_i - \overline{y} - \hat{y}_i + \overline{y})\}(x_i - \overline{x})$$
$$= \sum_{i=1}^{n}(y_i - \overline{y})(x_i - \overline{x}) - \sum_{i=1}^{n}(\hat{y}_i - \overline{y})(x_i - \overline{x})$$
$$= (n-1)s_{x,y} - \sum_{i=1}^{n}(\widehat{\beta}_0 + \widehat{\beta}_1 x_i - \widehat{\beta}_0 - \widehat{\beta}_1 \overline{x})(x_i - \overline{x})$$
$$= (n-1)s_{x,y} - (n-1)\hat{\beta}_1 s_{x,x}$$
$$= (n-1)\hat{\beta}_1 s_{x,x} - (n-1)\hat{\beta}_1 s_{x,x}$$
$$= 0$$

再び $y = 2x + 5 + \epsilon$ の線形モデルを考える．ただし，x は区間 $[30, 50]$ の一様乱数をとり小数点第 1 位を四捨五入し整数にしたものを用いる．同様に誤差 ϵ は，$N(0, 4^2)$ の正規乱数から小数点第 1 位を四捨五入し整数にしたものを用いる．乱数シードを 20230401 として，変量 x に関する 20 個のデータを取り，(x, y) の散布図および回帰直線を求めたい．

```
1  np.random.seed(20230401)  # 乱数のシードを決める
2  x = np.random.uniform(30,50,30).round()   #xのデータは丸めて整数に
3  print(x)
4  >> [32. 34. 38. 30. 43. 34. 36. 48. 43. 48. 38. 45. 33. 37.
   ↪  47. 41. 40. 37. 36. 45. 33. 43. 31. 37. 45. 32. 49. 35.
   ↪  42. 39.]
5
6  y =  2 * x + 5 + np.random.normal(0,4,30).round()
7  print(y)
8  >> [ 74.  69.  78.  63.  89.  74.  80. 104.  90. 104.  76.
   ↪  102.  64.  85.  97.  87.  89.  73.  77.  91.  68.  88.
   ↪   66.  81.  92.  74. 101.  72.  87.  84.]
```

変量 x と y の散布図を図 5.2 に示す．この図からも x と y の相関が高いことをがわかる．

```
9   #xとyの散布図を描く
10  plt.scatter(x,y)
```

回帰分析を行うために，`scipy.stats.linregress` を読み込み，`linregress` にデータ (x, y) を入力として与える．

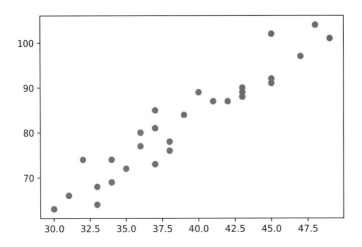

図 5.2　変量 (x, y) の散布図

```
11  from scipy.stats import linregress
12
13  res02=linregress(x,y)
14  print(res02)
15  >> LinregressResult(slope=2.033481242436466,
    ↪   intercept=3.259782170229954,
16      rvalue=0.952255803407001, pvalue=5.843278260984549e-16,
        ↪   stderr=0.12320722697672196,
        ↪   intercept_stderr=4.856772002981418)
17
18  #myEstLm でも同じ結果になるか確認する
19  myEstLm(x,y)
```

```
20  >> beta_0(Intercept)=3.2597821702299257,
    ↪    beta_1(slope)=2.0334812424364666
```

先の myEstLm(x, y) でも切片 (intercept: $\widehat{\beta_0}$) で計算した場合でも，傾き (slope: $\widehat{\beta_1}$) は， linregress(x,y) と同じ値であることが確認できる． linregress の出力である slope, intercept 以外の rvalue, pvalue, stderr, intercept_stderr については次節以降で解説する．

図 5.3 には，(x, y) の散布図と推定された回帰直線 $y = 3.260 + 2.033x$ を赤で，誤差のない直線 $y = 2x + 5$ が青で示されている．二つの直線が非常に近いことがわかる．

```
21  x0 = np.linspace(min(x)-2,max(x)+2,100)
22  plt.scatter(x,y)
23  plt.plot(x0,res02.slope*x0+res02.intercept)
24  plt.plot(x0, 2 * x0 + 5, color="red")
```

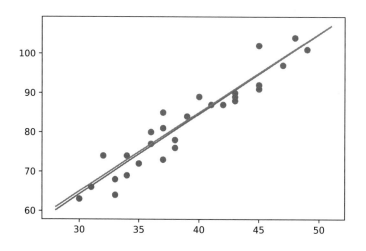

図 5.3 $y = 2x + 5$ の直線（青）と推定された回帰直線 $y = 2.033x + 3.260$（赤）

5.1.1 決定係数

　決定係数は，推定された回帰直線が得られたデータにどの程度当てはまっているかを測った量であり，0 から 1 以下の値をとる．決定係数は 1 に近いほど当てはまりが良いことを示している．

　単回帰分析では変量 y の変動を全変動といい，全変動 S_T が回帰変動 S_R と残差変動 S_E の和として表せることが知られている．なお，全変動を全平方和，回帰変動を回帰平方和，残差変動を残差平方和ともいう．S_T, S_R, S_E を

$$S_T = \sum_{i=1}^{n} (y_i - \overline{y})^2, \qquad S_R = \sum_{i=1}^{n} (\hat{y}_i - \overline{y})^2, \quad S_E = \sum_{i=1}^{n} (\overline{y} - \hat{y}_i)^2$$

で定義する．このとき

$$S_T = S_R + S_E \tag{5.7}$$

が成立する.

(5.7) を示すために S_T を以下のように展開する.

$$
\begin{aligned}
S_T &= \sum_{i=1}^{n}(y_i - \hat{y}_i + \hat{y}_i - \overline{y})^2 \\
&= \sum_{i=1}^{n}(y_i - \hat{y}_i)^2 + \sum_{i=1}^{n}(\hat{y}_i - \overline{y})^2 + 2\sum_{i=1}^{n}(y_i - \hat{y}_i)(\hat{y}_i - \overline{y}) \\
&= S_R + S_E + 2\sum_{i=1}^{n}(y_i - \hat{y}_i)(\hat{y}_i - \overline{y})
\end{aligned}
$$

となる. (5.6) を使うと

$$
\begin{aligned}
\sum_{i=1}^{n}(y_i - \hat{y}_i)(\hat{y}_i - \overline{y}) &= \sum_{i=1}^{n}e_i(\widehat{\beta}_0 + \widehat{\beta}_1 x_i - \widehat{\beta}_0 + \widehat{\beta}_1 \overline{x}) \\
&= \widehat{\beta}_1 \sum_{i=1}^{n}e_i(x_i - \overline{x}) \\
&= 0
\end{aligned}
$$

となり, (5.7) が成立する. (5.7) の関係を利用して, 決定係数 R^2 が全変動 S_T に対して回帰式で説明できた変動 S_R の割合として定義できる.

$$R^2 = \frac{S_R}{S_T} = \frac{S_R}{S_E + S_R} = \frac{\text{回帰で説明できる変動}}{\text{全変動}}$$

したがって決定係数 R^2 は $0 < R^2 \leq 1$ の値をとり, $R^2 = 1$ のときには

$$R^2 = 1 \Longleftrightarrow S_E = 0 \Longleftrightarrow y_i = \hat{y}_i \ i = 1, \dots, n$$

となり, 図 5.1 のように, 全てのデータが推定された回帰直線上にあることを意味する.

次の関数 myR2(x, y) は, $\widehat{\beta}_0, \widehat{\beta}_1$ の他に S_T, S_R, S_E と, 決定係数 R^2 およびその平方根を計算する.

```
25  def myR2(x, y): #Linear model: y = a x + b
26      mx = sum(x)/len(x)
27      my = sum(y)/len(y)
28      x1 = x - mx
29      y1 = y - my
30      hatb1=x1.dot(y1)/x1.dot(x1)
31      hatb0=my - hatb1*mx
32      print('slope={}, Intercept ={}'.format(hatb1, hatb0))
33      hy =  hatb1*x + hatb0
34      SR = (hy-my).dot(hy-my)
35      SE = (y-hy).dot(y-hy)
36      ST = (y1).dot(y1)
37      print('R**2 = {},  R={}'.format(SR/ST, (SR/ST)**0.5))
38      return ( SR / (SE + SR) )**0.5
```

　決定係数 R^2 は，変量 y と $\hat{y}$ の相関係数を $r_{y\hat{y}}$，変量 x と y の相関係数を r_{xy} とするとき

$$R^2 = r_{y\hat{y}}^2 = r_{xy}^2$$

となり，これらの相関係数の 2 乗に等しい．ただし，$r_{y\hat{y}}$ と r_{xy} は

$$r_{y\hat{y}} = \frac{\sum_{i=1}^{n}(y_i - \overline{y})(\hat{y}_i - \overline{y})}{\sqrt{\sum_{i=1}^{n}(y_i - \overline{y})^2}\sqrt{\sum_{i=1}^{n}(\hat{y}_i - \overline{y})^2}}, \quad r_{xy} = \frac{s_{xy}}{\sqrt{s_{xx}s_{yy}}}$$

である．$r_{y\hat{y}}$ は常に非負であるので，決定係数 R^2 の平方根 R は y と $\hat{y}$ との相関係数 $r_{y\hat{y}}$ になる．

　図 5.2 で扱った 20 個のデータに対して，決定係数を求めてみる．

```
39  print(x)
40  >> [32. 34. ... 42. 39.]
41  print(y)
42  >> [74. 69.  ... 87. 84.]
43
44  myR2(x,y)
45  >>
46  slope=2.0334812424364666, Intercept =3.2597821702299257
47  R**2 = 0.9067911151223136,   R=0.9522558034070013
48  0.952255803407001
```

再度 `linregress` 出力を確認するために `print(res02)` と入力する.

```
49  #再度 res02 を表示する
50  print(res02)
51  >> LinregressResult(slope=2.033481242436466,
    ↪   intercept=3.259782170229954,
52    rvalue=0.952255803407001, pvalue=5.843278260984549e-16,
      ↪   stderr=0.12320722697672196,
      ↪   intercept_stderr=4.856772002981418)
```

numpy を使って, 変量 y と $\hat{y}$ の相関係数, 変量 y と x の相関係数の値を求めてみる. `linregress` 出力 `LinregressResult` にある rvalue=0.952 は, 変量 y と $\hat{y}$ の相関係数の値であり, $r_{xy} > 0$ なので $r_{y\hat{y}} = r_{xy}$ であることも確認できる.

```
53   # numpy で相関係数の計算
54   np.corrcoef([y, res02.slope*x+res02.intercept])
55   >>
56   array([[1.        , 0.9522558],
57          [0.9522558, 1.        ]])
58
59   np.corrcoef([y, x])
60   >>
61   array([[1.        , 0.9522558],
62          [0.9522558, 1.        ]])
```

　`np.corrcoef([y, x])` は相関行列を求めており，対角成分は自身の相関係数の値なので 1 となっている．非対角部分は r_{xy} あるいは r_{yx} である．変量 y と $\widehat{y}$ の散布図を図 5.4 に示す．相関係数の値が 0.952 と高い相関になっているので，右上がりの直線傾向が強い散布図になっている．

```
63   plt.scatter(y, res02.slope*x+res02.intercept)
64   plt.xlabel("$y$:Observed")
65   plt.ylabel("$\widehat{y}$:Estimated")
```

5.2　回帰係数の統計的推測

　統計的推測における回帰モデルの議論をする．統計的推測の枠組みでは，回帰モデル

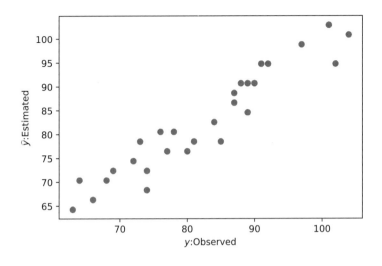

図 5.4　変量 y と $\widehat{y}$ の散布図

(5.1) を想定した母集団からのサイズ n の標本を

$$y_i = \beta_0 + \beta_1 x_i + \epsilon_i \quad (i = 1, \ldots, n) \tag{5.8}$$

と表す．ここで説明変数 x_i を確率変数ではなく定数として扱う．誤差 $\epsilon_1, \ldots, \epsilon_n$ は，互いに独立に同一の分布 $N(0, \sigma^2)$ に従うと仮定する．したがって，$y_1, \ldots, y_n$ も確率変数であって，次の二つのことがわかる．

1.　$y_1, \ldots, y_n$ は互いに独立である．
2.　各 y_i は，平均 $\beta_0 + \beta_1 x_i$，分散 σ^2 の正規分布に従う．すなわち

$$y_i \sim N(\beta_0 + \beta_1 x_i, \sigma^2)$$

である．(5.8) の y_i は確率変数であることから，Y_i と大文字で書く方が，5.1 節で既に扱った小文字に対応する実現値 y_i との区別ができる．統計的推測の枠組みでは最終的には確率変数を実現値で置き換えて推定が行われるので，これらを区別する方が望まし

い．しかし，記号の煩雑さをさけるために，本節では y_i を確率変数と見なしておいてデータ $(x_1, y_1), \ldots, (x_n, y_n)$ が与えられたときには，確率変数には数値を代入すると解釈することにして，あえて確率変数 Y_i とは書かないことにする．

変数 y_i が確率変数のときには，(5.2) で得られる $\widehat{\beta}_0, \widehat{\beta}_1$ も確率変数であり，1，2 の条件の下では $\widehat{\beta}_0, \widehat{\beta}_1$ は次の分布に従うことが知られている．

$$\frac{\widehat{\beta}_i - \beta_i}{\sqrt{\widehat{V}_i}} \sim t(n-2) \tag{5.9}$$

ここで，$t(n-2)$ は自由度 $n-2$ の t 分布であり，$\widehat{\sigma}^2$ は σ^2 の不偏推定量

$$\widehat{\sigma}^2 = \frac{1}{n-2} \sum_{i=1}^{n} (y_i - \widehat{y}_i)$$

である．さらに $\widehat{V}_0$ と $\widehat{V}_1$ は次の通りである．

$$\widehat{V}_0 = \hat{\sigma}^2 \left\{ \frac{1}{n} + \frac{\overline{x}^2}{\sum(x_i - \overline{x}^2)} \right\}, \quad \widehat{V}_1 = \hat{\sigma}^2 \left\{ \sum_{i=1}^{n} (x_i - \overline{x})^2 \right\}^{-1} \tag{5.10}$$

なお，$\widehat{V}_i \ (i = 1, 2)$ は，$\mathrm{Var}(\widehat{\beta}_i)$ の推定量であり，その標準偏差 $\sqrt{\widehat{V}_i}$ は $\widehat{\beta}_i$ の標準誤差 (Standard error) と呼ばれている．

(5.9) から $\widehat{\beta}_0$ と $\widehat{\beta}_1$ の従う分布がわかるので，β_0 と β_1 のそれぞれの信頼区間を構成したり，特定の値に関する検定を行うことができる．特に β_1 に関する次の検定は重要である．

(帰無仮説) $H_0 : \beta_1 = 0$　　　(対立仮説) $\beta_1 \neq 0$

帰無仮説 H_0 は説明変数 x が目的変数 y に対して意味がないことを表しているので，H_0 を棄却できれば説明変数 x が目的変数 y に意味があると結論づける（統計的に有意である）ことになる．res02 で計算された LinregressResult にある

```
pvalue=5.843278260984549e-16
```

は H_0 の元での p 値が $5.84 \times 10^{-16} \approx 0$ を示している. p 値が有意水準 $\alpha = 0.05$ よりも小さいので, 帰無仮説 $H_0 : \beta_1 = 0$ を棄却する. また, res02 の stderr と intercept_stderr の値はそれぞれ, 標準誤差 $\sqrt{\widehat{V_1}}$ と $\sqrt{\widehat{V_0}}$ の値である.

問題 5.2.1 次のデータはある年のごみ焼却場でのごみ焼却量 (10^3t) と, ごみの焼却熱を利用して発電した発電量 (10^4kWh) である. ごみ焼却量を説明変数 x, 発電量を目的変数 y とする.

月	4月	5月	6月	7月	8月	9月	10月	11月	12月	1月	2月	3月
x	51	34	38	44	44	55	31	24	51	49	29	34
y	96	23	28	49	50	100	23	23	97	92	16	20

1. 説明変数を x として, 目的変数を y とした場合の回帰直線 $y = \widehat{\beta_0} + \widehat{\beta_1} x$ を答えよ.
2. 変量 x と y の散布図と推定された回帰直線を描け.
3. 変量 y と $\widehat{y}$ の相関係数の値と決定係数 R^2 を求めよ.
4. 帰無仮説 $H_0 : \beta_1 = 0$, 対立仮説 $H_1 : \beta_1 \neq 0$ を有意水準 5% で検定せよ.

```
x = [51,34,38,44,44,55,31,24,51,49,29,34]
y = [96,23,28,49,50,100,23,23,97,92,16,20]

res03 = linregress(x,y)
print(res03)
>> LinregressResult(slope=3.2142001198322356,
    intercept=-78.22273816656684, rvalue=0.9299194055859411,
    pvalue=1.1825668396365481e-05,
    stderr=0.4019722540913928,
    intercept_stderr=16.668524866210948)
```

推定された回帰直線は $y = 3.21x - 78.2$ である．図 5.5 に散布図と推定された回帰直線を示す．

```
1  x0 = np.linspace(min(x)-2,max(x)+2,100)
2  plt.scatter(x,y)
3  plt.plot(x0,res03.slope*x0+res03.intercept,c="red")
```

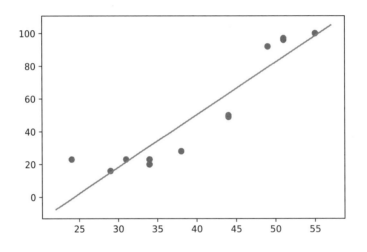

図 5.5　ごみ焼却量と発電量 (x, y) の散布図と推定された回帰直線

変量 y と $\hat{y}$ の相関係数の値は，rvalue の値から 0.930 であり，決定係数 R^2 は rvalue を 2 乗した 0.856 となる．

```
4  (res03.rvalue)**2
5  >> 0.86475010088531
```

pvalue の値が 1.18×10^{-5} で 0.05 よりも小さいので帰無仮説 $H_0 : \beta_1 = 0$ を棄却し，統計的に有意であるとの結論になる．つまり，説明変数 x は目的変数 y に対して意味があるということである．

問題 5.2.2 次の数値は8名の年齢および血圧のデータである．年齢を x とし，血圧を y とする．

被験者	1	2	3	4	5	6	7	8
年齢 x	30	37	45	48	55	58	67	75
血圧 y	110	114	130	125	152	138	158	162

1. 目的変数を y，説明変数を x としたときの回帰式を答えよ．
2. 15歳，50歳，95歳の人の回帰式による推定値を答え，その妥当性を検討せよ．

```
x = [30, 37, 45, 48, 55, 58, 67, 75]
y = [110, 114, 130, 125, 152, 138, 158, 162]
res04=linregress(x,y)
print(res04)
>>
LinregressResult(slope=1.2563776523881427,
 →  intercept=70.9504092823651, rvalue=0.9524448248578256,
    pvalue=0.0002593662230088042, stderr=0.1640941236587111,
     →  intercept_stderr=8.817864591751508)

x1 = np.array([15, 50, 95])
```

```
10   y1 = res04.slope*x1+res04.intercept
11   print(y1)
12   >> [89.79607407, 133.7692919 , 190.30628626]
```

回帰直線は, $y = 1.256x + 70.95$ であり, この式による15歳, 50歳, 95歳の血圧はそれぞれ, 90, 134, 190 である.

```
13   x0 = np.linspace(13,100,100)
14
15   plt.scatter(x,y)
16   plt.plot(x0,res04.slope*x0+res04.intercept,c="black")
17   plt.scatter(x1,y1, c="red")
```

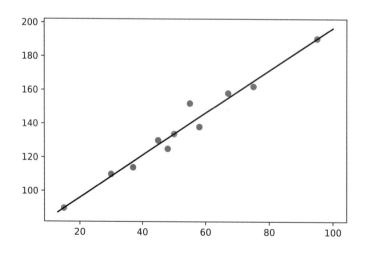

図 5.6 変量 (x, y) の散布図と推定された回帰直線

15歳, 50歳, 95歳の回帰式による推定値は, 図 5.6 では赤点で示されている. $[30, 75]$ の範囲内にある 50 歳の血圧は 134 で安定していると考えられる. しかし, 15 歳と 90 歳は推定に使われた x の範囲 $[30, 75]$ の外にあり, 15 歳の血圧は低く推定され, 一方, 90 歳の血圧はかなり高く推定される傾向にある. このように推定に使われた x の範囲外での推定は, 外挿と呼ばれ推定結果には注意が必要である.

5.3 重回帰分析

目的変数 y を m 個の説明変数 $x_1, \ldots, x_m$ の線形和と定数項で説明する以下の重回帰モデルを考える.

$$y = \beta_0 + \beta_1 x_1 + \cdots + \beta_m x_m + \epsilon \tag{5.11}$$

ただし, $\beta_1, \ldots, \beta_m \in \mathbb{R}$ は各変数の y への影響を表現する回帰係数で, β_0 は切片項である. 重回帰式の場合には, 係数 $\beta_0, \beta_1, \ldots, \beta_m$ を偏回帰係数という. また誤差 ϵ は正規分布 $N(0, \sigma^2)$ に従うとする. サイズ n のデータが与えられたとき, $\boldsymbol{\beta} = (\beta_0, \beta_1, \ldots, \beta_m)^\top \in \mathbb{R}^{m+1}$ を推定することを考える. 関係式 (5.11) は, サイズ n のデータが観測されたとき

$$y_i = \beta_0 + \beta_1 x_{i,1} + \cdots + \beta_m x_{i,m} + \epsilon_i \quad (i = 1, 2, \ldots, n) \tag{5.12}$$

となる. ここで n 次元ベクトル $\boldsymbol{y}$ と $n \times (m+1)$ 行列 X を, それぞれ

$$\boldsymbol{y} = (y_1, \ldots, y_n)^\top \in \mathbb{R}^n, \tag{5.13}$$

$$X = \begin{pmatrix} 1 & x_{1,1} & x_{1,2} & \cdots & x_{1,m} \\ 1 & x_{2,1} & x_{2,2} & \cdots & x_{2,m} \\ \vdots & \vdots & \vdots & \ddots & \vdots \\ 1 & x_{n,1} & x_{n,2} & \cdots & x_{n,m} \end{pmatrix} \in \mathbb{R}^{n \times (m+1)} \tag{5.14}$$

とおき，$\boldsymbol{\beta} = (\beta_0, \beta_1, \ldots, \beta_m)^\top$, $\boldsymbol{\epsilon} = (\epsilon_1, \ldots, \epsilon_n)^\top$ として (5.12) は

$$\boldsymbol{y} = X\boldsymbol{\beta} + \boldsymbol{\epsilon} \tag{5.15}$$

と書き表すことができる．単回帰分析と同様に重回帰分析での $\boldsymbol{\beta}$ の最小二乗推定量 $\widehat{\boldsymbol{\beta}}$ は $\|\boldsymbol{y} - X\boldsymbol{\beta}\|^2$ を最小にする値であり，$(m+1) \times (m+1)$ の実対称行列 $X^\top X$ が正則であるならば

$$\widehat{\boldsymbol{\beta}} = (X^\top X)^{-1} X^\top \boldsymbol{y} \tag{5.16}$$

となる．(5.16) は，正規方程式と呼ばれる

$$X^\top X \boldsymbol{\beta} = X^\top \boldsymbol{y}$$

を，$X^\top X$ が正則である場合として $\boldsymbol{\beta}$ に関して解いた解となっている．正規方程式の解もしくは (5.16) の $\widehat{\boldsymbol{\beta}}$ を使って $\widehat{\boldsymbol{y}} = X\widehat{\boldsymbol{\beta}}$，残差ベクトル $\boldsymbol{e} = \boldsymbol{y} - \widehat{\boldsymbol{y}}$ とおく．y の平均

$$\bar{y} = \frac{1}{n}\sum_{i=1}^{n} y_i$$

と $\mathbf{1} = (1, \ldots, 1)^\top \in \mathbb{R}^n$ を使えば，(5.7) は重回帰式の場合でも成り立つ．すなわち全変動 S_T，回帰変動 S_R，残差変動 S_E はそれぞれ

$$S_T = \|\boldsymbol{y} - \bar{y}\mathbf{1}\|^2, \quad S_R = \|\widehat{\boldsymbol{y}} - \bar{y}\mathbf{1}\|^2, \quad S_E = \|\boldsymbol{y} - \widehat{\boldsymbol{y}}\|^2$$

であって $S_T = S_R + S_E$ となる．決定係数 R^2 も単回帰と同様に $R^2 = S_R/S_T = 1 - S_E/S_T$ で定義できる．なお，x の変数が増えれば増えるほど決定係数は大きくなるので，変数の数を調整した自由度調整済み決定係数を用いることもある．自由度調整済み決定係数 R^{*2} は

$$R^{*2} = 1 - \frac{S_E/(n-m-1)}{S_T/(n-1)}$$

で定義される．

5.4 重回帰分析とモデル選択

　重回帰モデル (5.11) において m 個の変数 $x_1, \ldots, x_m$ のうちで，全てが目的変数 y に寄与するのか，それとも一部の変数で十分なのか検討する．これは変数選択の問題であり，どういった統計モデルが妥当かといったモデル選択の問題とも考えられる．重回帰モデルには，固有の変数選択法（変数増減法，変数減少法，それらを組み合わせた方法）があるが，モデル選択の意味では情報量規準が適用できる．情報量規準の代表的なものの 1 つとして，多くの統計モデルの選択に幅広く用いられている赤池情報量規準 (Akaike information criterion, AIC) を重回帰モデル (5.11) に適用する．AIC はデータの統計モデルの当てはまりのよさ（尤度の値の大きさ）と統計モデルの簡潔さ（推定するパラメータ数の少なさ）のバランスをとるように統計モデルを選ぶための方法である．AIC を適用するにあたり推定すべきパラメータは $\boldsymbol{\beta}$ と σ^2 であって，それぞれの最尤推定量を求める必要がある．最大尤度 L は

$$L = \max_{\boldsymbol{\beta}, \sigma^2} (2\pi)^{-\frac{n}{2}} (\sigma^2)^{-\frac{n}{2}} \exp\left\{-\frac{1}{2\sigma^{2n}} \|\boldsymbol{y} - X\boldsymbol{\beta}\|^2\right\}$$

であって，$\boldsymbol{\beta}$ と σ^2 の最尤推定量は，それぞれ

$$\widehat{\boldsymbol{\beta}} = (X^\top X)^{-1} X^\top \boldsymbol{y} \tag{5.17}$$

$$\widehat{\sigma}_*^2 = \frac{1}{n} S_E \quad S_E = \|\boldsymbol{y} - X\widehat{\boldsymbol{\beta}}\|^2 \quad \text{（残差平方和）}$$

である．$\boldsymbol{\beta}$ の最尤推定量は (5.16) の最小二乗推定量と同じであるが，σ の最尤推定量 $\widehat{\sigma}_*^2$ は，σ の不偏推定量

$$\widehat{\sigma}^2 = \frac{1}{n-m-1} S_E = \frac{1}{n-m-1} \|\boldsymbol{y} - X\widehat{\boldsymbol{\beta}}\|^2$$

とは割る数が違うことに注意する．最尤推定量の代入により，最大尤度 L は

$$L = \left(\frac{2\pi S_E}{n}\right)^{-\frac{n}{2}} \exp\left(-\frac{n}{2}\right) \tag{5.18}$$

となる. 最大尤度を L, 説明変数の数を m, 推定するパラメータの数を k とするとき, k の値は σ も含めた $k = m + 2$ となり, AIC は

$$\text{AIC} = -2\log L + 2k = n\left\{\log S_E + \log\left(\frac{2\pi}{n}\right) + 1\right\} + 2(m + 2)$$

である. m より小さい m' 個の説明変数を採用した場合, $k = m' + 2$ として, さらに, m' 個の説明変数についての残差平方和を $S_E^{(m')}$ を求めることで, $\text{AIC}(m')$ は

$$\text{AIC}(m') = n\left\{\log S_E^{(m')} + \log\left(\frac{2\pi}{n}\right)\right\} + 2k$$

となる. AIC は値が小さいほどよいモデルであり, AIC (m') の値が小さくなるような m' 個の説明変数を選択する.

AIC の他によく用いられるものは BIC (Bayesian Information Criterion) であり, BIC は

$$\text{BIC} = -2\log L + k\log n$$

となる. AIC と BIC を比較すると, ペナルティ項がそれぞれ $2k$ と $k\log n$ になっていて, 説明変数の数に対するペナルティの度合いが異なる.

問題 5.4.1 問題 5.2.1 のデータに対して, 多項式回帰と呼ばれる重回帰分析を行う. 線形な 1 次多項式のモデル 1 と 2 次多項式のモデル 2 とでは, どちらのモデルが良いか, AIC, BIC を比較して答えよ.

$$\text{モデル 1: } y = \beta_0 + \beta_1 x + \epsilon$$
$$\text{モデル 2: } y = \beta_0 + \beta_1 x + \beta_2 x^2 + \epsilon$$

ここで, ϵ は誤差項であり正規分布 $N(0, \sigma^2)$ に従うと仮定する.

5.1 節で扱った `scipy.stats.linregress` では重回帰分析はできないので, `statsmodels OLS`(Ordinary Least Squares) で分析を行う. `statsmodels` は統計解析言語 R に似せて `Python` 上で動かせるようにしたパッケージである.

```
x = [51,34,38,44,44,55,31,24,51,49,29,34]  #ゴミの焼却量と売電量の
  ↪  データ
y = [96,23,28,49,50,100,23,23,97,92,16,20]

import statsmodels.api as sm

X = sm.add_constant(x)  #x に切片項のデータを加える
print(X)
>>
[[ 1. 51.]
 [ 1. 34.]
 .
 .
 .
 [ 1. 34.]]

model1 = sm.OLS(y,X).fit()
print(model1.summary())
>>
  OLS Regression Results
==================================================================
Dep. Variable: y   R-squared: 0.865
Model: OLS          Adj. R-squared:  0.851
Method: Least Squares   F-statistic: 63.94
Date:Wed, 29 Mar 2023   Prob (F-statistic): 1.18e-05
```

```
25  Time: 01:35:42      Log-Likelihood: -47.084
26  No. Observations: 12    AIC: 98.17
27  Df Residuals: 10    BIC: 99.14
28  Df Model: 1
29  Covariance Type: nonrobust
30  ==============================================================
31           coef    std err    t      P>|t|   [0.025    0.975]
32  --------------------------------------------------------------
33  const -78.2227  16.669  -4.693  0.001  -115.363  -41.083
34  x1      3.2142   0.402   7.996  0.000    2.319    4.110
35  ==============================================================
36  Omnibus:   0.810     Durbin-Watson: 0.874
37  Prob(Omnibus): 0.667   Jarque-Bera (JB): 0.711
38  Skew: 0.341          Prob(JB): 0.701
39  Kurtosis: 2.022       Cond. No.  179.
40  ==============================================================
41
42  Notes:
43  [1] Standard Errors assume that the covariance matrix of the
    ↪  errors is correctly specified.
```

const と x1 の値から推定された 1 次式は $y = -78.2227 + 3.2142x$ であることや, 決定係数 R-squared の値が 0.865 であることなど, 問題 5.2.1 で扱った

scipy.stats.linregress

と同じものが出力されている.

次に 2 次式でのモデルをつくるために

　X2 = [[_**i for i in range(3)] for _ in x] で [1, x, x**2]
を格納した X2 を作り, model2 = sm.OLS(y,X2).fit() でモデルを作る.

```
44  X2 = [[_**i for i in range(3) ] for _ in x]
45  print(X2)
46  >>
47  [[1, 51, 2601],
48       .
49       .
50       .
51    [1, 34, 1156]]
```

　print(model2.summary()) による出力の一部を下に示し, const, x1, x2 の
値から $y = 111.5008 - 6.8658x + 0.1261x^2$ が推定された二次式であることがわかる.

```
52  model2 = sm.OLS(y,X2).fit()
53  print(model2.summary())
54  >>
55      OLS Regression Results （一部表示）
56  ==================================================================
57          coef     std err      t     P>|t|    [0.025     0.975]
58  ------------------------------------------------------------------
59  const  111.5008   48.088    2.319    0.046     2.719    220.283
60  x1     -6.8658     2.506   -2.739    0.023   -12.535     -1.196
61  x2      0.1261     0.031    4.042    0.003     0.056      0.197
```

推定された1, 2次式について，決定係数，自由度調整済み決定係数，AIC, BIC の値を表 5.1 に示す．決定係数 R^2 と自由度調整済み決定係数 R^{*2} では，1 に近い方が良いモデルであり，AIC, BIC は値の小さい方がよいモデルであるので，どの基準を使っても 2 次式の方が 1 次式よりも良いモデルであるという結論になる．

表5.1 ごみ焼却量と発電量に関する多項式回帰の結果

	推定された式	R^2	R^{*2}	AIC	BIC
1次式	$y = -78.2227 + 3.2142x$	0.865	0.851	98.17	99.14
2次式	$y = 111.5008 - 6.8658x + 0.1261x^2$	0.952	0.941	87.75	89.20

第6章 多次元データの解析

本章では，`sklearn-load_digits` の手書き数字を使って，多変量解析の基本である，主成分分析，多次元尺度構成法という次元縮約の方法論と，分類の基本であるクラスター分析，k-means 法について解説する．

6.1 sklearn の手書き数字

sklearn は，機械学習用のライブラリであり，datasets にはいくつかのサンプルデータが用意されている．本章では，load_digits を使って多変量解析の基本をpython で行う．load_digits() で手書き数字をロードする．

```python
from sklearn.datasets import load_digits
import numpy as np
import matplotlib.pyplot as plt
%matplotlib inline

# 手書き数字のロード
digits = load_digits()
```

print(digits['DESCR']) でこのデータの紹介をみることができる．

```
 8  print(digits['DESCR'])
 9  >>
10  .. _digits_dataset:
11
12  Optical recognition of handwritten digits dataset
13  ---------------------------------------------------
14
15  **Data Set Characteristics:**
16      :Number of Instances: 5620
17      :Number of Attributes: 64
18      :Attribute Information: 8x8 image of integer pixels in
        ↪    the range 0..16.
19      :Missing Attribute Values: None
20  (以下省略)
```

len(digits) の出力は7である. これは, digitsに

'data', 'target','frame','feature_names',
'target_names','images', 'DESCR':

の7種類のデータが格納されていることを示している. digitsと入力した出力結果からdataは64×1のベクトルが, それを8×8にサイズ変更した画像データが, imagesに格納されていることがわかる. ここで64×1のベクトルと8×8に画像データの要素は, 0から16の整数値になっており, 0が白, 16が黒を表したグレースケール値である.

```
21  len(digits)
```

```
22  >> 7

23

24  digits

25  >>

26  {'data': array([[ 0.,  0.,  5., ...,  0.,  0.,  0.], (中略),

27   'target': array([0, 1, 2, ..., 8, 9, 8]),

28   'frame': None,

29   'feature_names': ['pixel_0_0', (中略)

30   'target_names': array([0, 1, 2, 3, 4, 5, 6, 7, 8, 9]),

31   'images': array([[[ 0.,  0.,  5., ...,  1.,  0.,  0.],

32          ...,

33        [ 0.,  0.,  6., ...,  0.,  0.,  0.]],

34

35        [[ 0.,  0.,  0., ...,  5.,  0.,  0.],

36       (中略)

37   'DESCR': ".. _digits_dataset: (中略)
```

len(digits.data), len(digits.target), len(digits.images) の出力
結果はいずれも 1797 であって，手書き数字のデータが 1797 枚格納されている．

```
38  len(digits.data)

39  >> 1797

40

41  len(digits.target)

42  >> 1797

43
```

```
44  len(digits.images)
45  >> 1797
```

27行目の`digits.target`には

$$array([0, 1, 2, ..., 8, 9, 8])$$

のデータがあるが、最初の`digits.target[0]`が0を書いた手書き文字、`digits.target[1]`が1を書いた手書き文字、`digits.target[1795]`が9を書いた手書き文字、最後の`digits.target[1796]`が8を書いた手書き文字が格納されている。

以下のプログラムを実行した出力画像が図6.1-(a)であり、最初の10個を表示させてみると0から9の手書き数字があることがわかる。以下のプログラムは参考文献[3]からの引用である。

```
46  #最初の10個の画像をみる
47  for label,img in zip(digits.target[:10],digits.images[:10]):
48      plt.subplot(2,5,label+1)
49      plt.axis('off')
50      plt.imshow(img,cmap=plt.cm.gray_r,
51                          interpolation='nearest')
52      plt.title('Digit: {}'.format(label))
```

`digits.data`には64次元のベクトルが格納されているが、reshapeで8×8に変更すると、`digits.images`に格納されている画像データと同じになる。以後画像を出力する際には、`digits.images`の代わりに`digits.data`を8×8にreshapeして使うことにする。また、最初の10枚の画像を出力したが、offsetを利用して、例えば、offset=1000から10枚を出力した画像が図6.1-(a)であり、対応する画像は

1,4,..,7 の手書き数字である.

```
53  #offset から 10個の画像を表示
54  offset=1000
55  for i in range(10):
56      img = digits.data[offset+i].reshape(8,8)
57      plt.subplot(2,5,i+1)
58      plt.axis('off')
59      plt.imshow(img,cmap=plt.cm.gray_r,
60                      interpolation='nearest')
61      plt.title('Digit: {}'.format(digits.target[offset+i]))
```

問題 6.1.1 sklearn-load_digits に関する次の問に答えよ.

1. 0から9の各数字が何枚格納されているか確認せよ.
2. 0から9の各数字の平均の画像を出力せよ.

まず, 各数字の手書き文字がいくつあるか確認し, 平均の値を d_mean に, 数字の各枚数を d_len に格納する. 初期化はそれぞれ, d_mean = [], d_len=[] である.

各数字を抜き出すには digits.target を利用する. 例えば, 手書き数字の 0 を抽出するには

$$flag = (digits.target == 0)$$
$$d = digits.data[flag]$$

とする. digits.target == 0 で 1797 枚のうち, 手書き数字 0 のところは 1 を, その他は 0 となる 1797 次元の 0-1 ベクトルができて, digits.data[flag] で 1 の場所だけ, つまり, 手書き数字 0 だけを抽出できる.

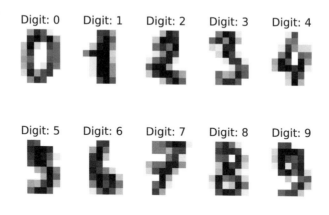

(a) 最初の 10 枚の手書き数字

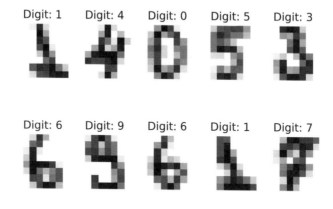

(b) 1000 番目から 10 枚の手書き数字

図6.1　0 枚の手書き数字の抽出

```
62  d_mean = []
63  d_len = []
64  for i in range(10):
65      flag = (digits.target == i)
66      d = digits.data[flag]
67      print('{}の個数: {}'.format(i,len(d)))
68      d_mean.append(sum(d)/len(d))
69      d_len.append(len(d))
70  d_mean = np.array(d_mean)  # list -> np.array
71  d_len = np.array(d_len)
72
73  >>
74  0の個数: 178
75  1の個数: 182
76  2の個数: 177
77  3の個数: 183
78  4の個数: 181
79  5の個数: 182
80  6の個数: 181
81  7の個数: 179
82  8の個数: 174
83  9の個数: 180
```

　以上により，d_mean には平均画像の 64 次元ベクトルが格納されたので，今までと同様に各数字の画像を出力できる．図 6.2 に平均の画像を示す．

```
84  for i in range(10):
85      img = d_mean[i].reshape(8,8)
86      plt.subplot(2,5,i+1)
87      plt.axis('off')
88      plt.imshow(img,cmap=plt.cm.gray_r,
89                      interpolation='nearest')
90      plt.title('Digit: {}'.format(i))
```

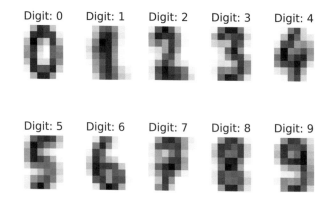

図6.2 各数字の平均の画像

　図 6.1-(a), (b) と図 6.2 を視覚的に比較すると，図 6.2 の数字の方が，より数字を識

別しやすくなっているように見える.

6.2 主成分分析

　主成分分析は，次元削減，情報の圧縮を目的として，高次元に配置されたデータを低次元で再現する方法の一つである．6.1 節で扱った sklearn の手書き数字の場合，数字の平均画像のベクトルは 64 次元であり，それらをできるだけ情報の損失を少なくするように 2 次元で再現する．次節の図 6.5 は，64 次元の画像に対して主成分分析を行い 2 次元で付置した結果であり，64 次元の 10 個の平均の画像の配置が 2 次元で再現されている.

　主成分分析の分析の原理を次の単純な例で見ていく．例えば，A さんから E さんまでの 5 人が試験 (各科目 100 点満点) を受けたとし，その結果をまとめたものが表 6.1 である．合成変量 y_1 と y_2 はそれぞれ

$$y_1 = \frac{1}{2}(x_1 + x_2 + x_3 + x_4) \tag{6.1}$$

$$y_2 = \frac{1}{2}(x_1 + x_2 - x_3 - x_4) \tag{6.2}$$

である．合成変量 y_1 と y_2 の意味を考えてみると，y_1 は合計得点を 1/2 倍したものであるから，4 科目の「総合指標」と考えることができる．他方 y_2 は文系科目の国語と英語が足し算，数学と理科が引き算されていることから「文理のバランスの指標」と考えることができる．合成変量 y_2 は，文理の科目がバランスよくできる人（C さん）と，バランスよくできない人（E さん）は同じ 0 になることに注意する．したがって，総合指標 y_1 の良し悪しに依存せずに y_2 の量が決定され，つまり y_1 と y_2 は無相関になっている．実際に A さんから E さんの (y_1, y_2) のデータ $(100, 0), (80, 80), (200, 0), (80, 80), (0, 0)$ から相関係数 r_{y_1, y_2} を計算すると 0 となる.

表 6.1　5 人の試験結果

	国語 (x_1)	英語 (x_2)	数学 (x_3)	理科 (x_4)	合成変量 y_1	合成変量 y_2
A	50	50	50	50	100	0
B	80	80	0	0	80	80
C	100	100	100	100	200	0
D	0	0	80	80	80	-80
E	0	0	0	0	0	0

```python
1  import numpy as np
2  import pandas as pd
3
4  X1 = np.array([50,80,100,0,0])
5  X2 = np.array([50,80,100,0,0])
6  X3 = np.array([50,0,100,80,0])
7  X4 = np.array([50,0,100,80,0])
```

辞書 dic を使って pandas の DataFrame に A さんから E さんの得点を格納する.

```python
8   dic = {'Jp': X1, 'Eng': X2, 'Math':X3, 'Sci':X4}
9   df = pd.DataFrame(dic,index=['A','B','C','D','E'])
10
11  # 合成変量の y1, y2 を作るための初期化
12  dfy = pd.DataFrame(index = df.index, columns=['y1','y2'])
13
14  # df の値の表示
15  print(df)
```

```
16  >>
17       Jp    Eng   Math   Sci
18  A    50    50     50    50
19  B    80    80      0     0
20  C   100   100    100   100
21  D     0     0     80    80
22  E     0     0      0     0
23
24  #dfy に値を代入
25  dfy['y1'] = (df["Jp"]+ df["Eng"]+df["Math"]+df["Sci"])/2
26  dfy['y2'] = (df["Jp"]+ df["Eng"]-df["Math"]-df["Sci"])/2
27
28  print(dfy)
29  >>
30     y1     y2
31  A  100.0    0.0
32  B   80.0   80.0
33  C  200.0    0.0
34  D   80.0  -80.0
35  E    0.0    0.0
```

合成変量 y_1 と y_2 の散布図を図 6.3 に示す．第 1 軸 (y_1) は総合得点なので，右にいく
ほど得点が高い，4 科目が総合的にできることを表し，左側にいくほど得点が低いこと
を表す．C さんが最も能力が高く，B,C,D さんは平均的で E さんが能力が最も低いこと
が図 6.3 の第 1 軸 (y_1) から見て取れる．図 6.3 の第 2 軸 (y_2) は文理のバランスを表すの

で，E,C,A はバランスがよく，B さんは理科系科目よりも文系科目が得意であり，D さんはその反対で理科系科目が得意であることが見て取れる．

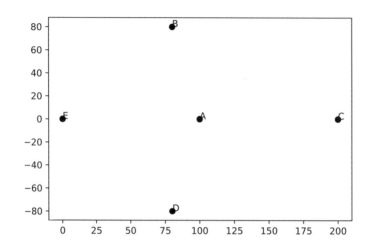

図6.3 A さんから E さんの合成変量に対する 2 次元付置

dfy.corr() で y_1 と y_2 の相関係数を求めると確かに 0 となる．また，dfy の分散共分散行列をもとめると

$$\begin{pmatrix} 5120 & 0 \\ 0 & 3200 \end{pmatrix}$$

となり，y_1 の分散 s_{y_1} は 5120，y_2 の分散 s_{y_2} は 3200 である．

```
36  # y1, y2 の相関係数の計算 (0である)
37  dfy.corr()
38  >>
```

```
39       y1    y2
40 y1  1.0   0.0
41 y2  0.0   1.0
42
43 dfy.cov()
44 >>
45          y1       y2
46 y1  5120.0       0.0
47 y2      0.0   3200.0
```

では，`sklearn.decomposition` の PCA を使って A さんから E さんのデータを主成分分析してみる．なお，主成分分析の英語は Principle component analysis，略してPCA である．

```
48 from sklearn.decomposition import PCA
```

A さんから E さんのデータを主成分分析した結果は，(6.1) の y_1 を構成する係数ベクトル

$$\boldsymbol{a}_1 = \frac{1}{2}(1, 1, 1, 1)$$

が第一主成分，(6.2) の y_2 を構成する係数ベクトル

$$\boldsymbol{a}_2 = \frac{1}{2}(1, 1, -1, -1)$$

が第二主成分として求められる．また，第一，第二主成分の固有値はそれぞれ，y_1 の分散 5120 と y_2 の分散 3200 であって，これらの分散の大きさで第一と第二の順番が決まる．また，主成分 $\boldsymbol{a}_1$ と $\boldsymbol{a}_2$ の長さは 1 であり，$\boldsymbol{a}_1$ と $\boldsymbol{a}_2$ は直交している．

```
49 pca = PCA(n_components=2)
```

```
50  pca.fit(df)

51

52  # 主成分（ベクトル）

53  print(pca.components_)

54  >>

55  [[ 0.5  0.5  0.5  0.5]

56   [-0.5 -0.5  0.5  0.5]]

57  # 第一主成分 a_1 と第二主成分 a_2 が得られている

58

59  # 主成分の固有値

60  pca.explained_variance_

61  >> array([5120., 3200.])

62  # y_1 と y_2 の分散の値が得られている
```

　全体の固有値の総和分の各主成分の固有値比率を寄与率という．この寄与率は explained_variance_ratio_ に格納されている．

```
63  pca.explained_variance_ratio_

64  >> array([0.61538462, 0.38461538])

65

66  np.cumsum(pca.explained_variance_ratio_)

67  >> array([0.61538462, 1.         ])
```

explained_variance_ratio_ では

$$\frac{s_{y_1}^2}{s_{y_1}^2 + s_{y_2}^2} = \frac{5120}{5120+3200} \fallingdotseq 0.615, \quad \frac{s_{y_1}^2}{s_{y_1}^2 + s_{y_2}^2} = \frac{3200}{5120+3200} \fallingdotseq 0.385$$

を計算している．さらに df.cov() で x_1, x_2, x_3, x_4 の標本分散共分散行列（対角成分は各変数の分散の値，非対角成分は変数間の共分散の値）を見てみると

$$\begin{pmatrix} 2080 & 2080 & 480 & 480 \\ 2080 & 2080 & 480 & 480 \\ 480 & 480 & 2080 & 2080 \\ 480 & 480 & 2080 & 2080 \end{pmatrix}$$

```
68  df.cov()
69  >>
70              Jp       Eng      Math      Sci
71  Jp       2080.0    2080.0     480.0     480.0
72  Eng      2080.0    2080.0     480.0     480.0
73  Math      480.0     480.0    2080.0    2080.0
74  Sci       480.0     480.0    2080.0    2080.0
```

となる．たまたま $s_{x_1}^2 = s_{x_2}^2 = s_{x_3}^2 = s_{x_4}^2 = 2080$ となっているが，さらに

$$s_{x_1}^2 + s_{x_2}^2 + s_{x_3}^2 + s_{x_4}^2 = 8320 = s_{y_1}^2 + s_{y_2}^2$$

となっている．これは

$$4\,科目の分散の総和 = 総合指標の分散 + 文理のバランスの分散$$

となっていることを意味する．したがって，y_1, y_2 の寄与率は，それぞれ

$$\frac{総合指標の分散}{4\,科目の分散の総和}, \quad \frac{文理のバランスの分散}{4\,科目の分散の総和}$$

と解釈できる．

pca.transform(df) で，df の 4 次元のデータを 2 次元に縮約できて，A さんから E さんの 2 次元での座標値が

```
75  dS=pca.transform(df)
76  print(dS)
77  >> array([[ 8.00000000e+00, -6.21724894e-15],
78          [-1.20000000e+01, -8.00000000e+01],
79          [ 1.08000000e+02, -8.34887715e-14],
80          [-1.20000000e+01,  8.00000000e+01],
81          [-9.20000000e+01,  7.28306304e-14]])
```

$$A:(8,0),\ B:(-12,-80),\ C:(108,0),\ D:(-12,80),\ E:(-92,0) \tag{6.3}$$

となる．これらの座標値を主成分得点という．これらの主成分得点は，y_1 と y_2 の平均 $(92,0)$ を原点に平行移動したときの値である．したがって (6.3) のそれぞれに $(92,0)$ を足し算すると表 6.1 の y_1 と y_2 の値に等しくなる．このことから主成分分析では合成変量の平均が原点になるようになっている．

```
82  plt.plot(dS[:,0],dS[:,1],'ko')
83  for i in range(len(df.index)):
84      plt.annotate(df.index[i],(dS[i,0],dS[i,1]))
```

主成分得点 dS の散布図を図 6.4 に示す．図 6.3 と比較すると，$(92,0)$ の平行移動分だけの違いである．

6.2.1 手書き数字の平均画像の主成分分析

sklearn-load_digits の手書きの各数字の平均 d_mean に対して，主成分分析

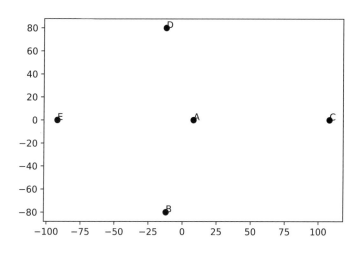

図 6.4 A さんから E さんの PCA による 2 次元付置

を行う．以下の処理では，6.1 節での処理を再度行い，d_mean を計算しておく必要が
ある．

```
1  from sklearn.decomposition import PCA
2  import numpy as np
3  import matplotlib.pyplot as plt
4
5  pca = PCA(n_components=2)
6  pca = pca.fit(d_mean)
7  pca_d_mean = pca.transform(d_mean)
8  label=np.array(range(10))  #数字のラベル用
9
10 # 主成分をプロットする
```

```
11  plt.scatter(pca_d_mean[:,0],
12                    pca_d_mean[:,1],c=label)
13  plt.title('principal component')
14  plt.xlabel('pc1')
15  plt.ylabel('pc2')
16  for i in range(10):
17      plt.annotate(i,(pca_d_mean[i,0],pca_d_mean[i,1]))
```

　図 6.5 が主成分分析での 2 次元付置である．手書き数字 1 と 7 が近くに配置され，5
と 8，3，2，9 が比較的近くに配置されている．数字 0 がどの数字からも離れている．

```
18  # 主成分の寄与率を出力する
19  print(' 各次元の寄与率: {0}'.format(
20      np.round(pca.explained_variance_ratio_,3)))
21  print(' 累積寄与率: {0}'.format(
22      np.round(np.cumsum(pca.explained_variance_ratio_),3)))
23  >>
24  各次元の寄与率: [0.29  0.226]
25  累積寄与率: [0.29  0.516]
```

　第一主成分と第二主成分の寄与率はそれぞれ，0.29，0.226 であり，第二主成分の累積
寄与率は 0.516 であって，64 次元分の 5 割の情報を保持している．

　もし pca = PCA(n_components=2) と書かずに pca = PCA() とした場合には，
累積寄与率が 1 になるまで自動的に計算する．累積寄与率の値から 3 次元では，68% の
情報を再現できており，64 次元分の 6 次元で 90% を超えて，10 次元ですべて復元でき
るもわかる．

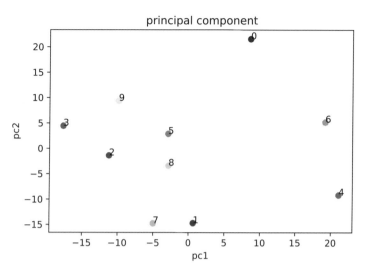

図6.5 各数字の平均の主成分分析

```
26  pcaAll = PCA().fit(d_mean)
27  print('各次元の寄与率: {0}'.format(np.round(
28                      pcaAll.explained_variance_ratio_,3)))
29  print('累積寄与率: {0}'.format(np.round(
30          np.cumsum(pcaAll.explained_variance_ratio_),3)))
31  >>
32  各次元の寄与率: [0.29  0.226 0.168 0.092 0.082 0.056 0.043
33     0.026 0.017 0.    ]
34  累積寄与率: [0.29  0.516 0.684 0.776 0.858 0.915 0.958
35     0.983 1.    1.    ]
```

第1から第10主成分をとり $\boldsymbol{a}_1, \ldots, \boldsymbol{a}_{10}$ とする. $\boldsymbol{a}_1, \ldots, \boldsymbol{a}_{10}$ は64次元の長さ1が1のベクトルであり, 互いに直交している. 64次元の手書き数字のベクトルを $\boldsymbol{x}_i\ (i = 0, \ldots, 9)$ とするとき, $\boldsymbol{x}_i$ は

$$\boldsymbol{x}_i = c_1^i \boldsymbol{a}_1 + c_2^i \boldsymbol{a}_2 + \cdots + c_{10}^i \boldsymbol{a}_{10} \quad (i = 0, \ldots, 9)$$

で完全に書き表すことができる. 各 c_j^i が主成分得点になっていて, $\boldsymbol{x}_i$ と $\boldsymbol{a}_j$ の内積の値である. 図 6.5 では, 各手書き数字 $\boldsymbol{x}_i$ を第1主成分 $\boldsymbol{a}_1$ と第2主成分 $\boldsymbol{a}_2$ のみで近似したとも解釈でき, 近似の程度が累積寄与率0.5程度であるということである.

$$\boldsymbol{x}_i \approx c_1^i \boldsymbol{a}_1 + c_2^i \boldsymbol{a}_2 \quad (i = 0, \ldots, 9)$$

6.2.2 2次元の平均画像データに k-means 法を適用

k-means 法 (k-平均法) は, クラスター数 (k) を決めて, 各データを k 個のクラスターに分類する方法である. クラスターの中心をセントロイドといい, 各セントロイドに近いデータが集められる. k-means 法の手続きの概要は以下の通りである.

1. k 個のセントロイドを適当に決める.
2. 次の操作をセントロイドが更新されなくなるまで続ける.
   (a) 各データを最も近いセントロイドに分類する. これらがクラスターを形成する.
   (b) 同じクラスターに分類されているデータから平均（あたらしいセントロイド）を計算しなおす.

from sklearn.cluster から KMeans をインポートし, クラス数3で, 図 6.5 の2次元データ pca_d_mean に k-means 法適用してみる.

```
36  from sklearn.cluster import KMeans
37  #クラス数を 3 として k-means 法を適用
38  kmeans = KMeans(n_clusters=3)
39  kmeans.fit(pca_d_mean)
40  y_kmeans = kmeans.predict(pca_d_mean)
41
42  plt.scatter(pca_d_mean[:, 0], pca_d_mean[:, 1], c=y_kmeans,
    ↳  s=50, cmap='viridis')
43  centers = kmeans.cluster_centers_
44  plt.scatter(centers[:, 0], centers[:, 1], c='black', s=50,
    ↳  alpha=0.5);
45  for i in range(10):
46      plt.annotate(i,(pca_d_mean[i,0],pca_d_mean[i,1]))
```

図 6.6 は，図 6.5 のデータに対して，クラスター数 3 の k-means 法を適用した結果である．手書き数字の平均の 3,9,5,2 が同じクラスターに，8,7,1 が同じクラスターに，0,6,4 が同じクラスターに分類されたことがわかる．図 6.6 では，各クラスターの中心（セントロイド）が黒丸で示されている．

6.3　多次元尺度構成法

表 6.2 に示すデータは乗り換え案内を使って駅間の距離を調べたものである．東京駅と上野駅の距離は 3.6km，東京駅と横浜駅の距離は 28.8km などである．多次元尺度構

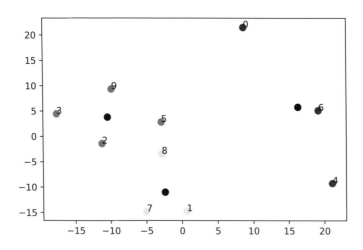

図6.6 各数字の平均の主成分分析にk-means法を適用

成法 (Multidimensional scaling: 略してMDS) は，対象間の距離の2乗が保たれるように，低次元で対象を付置する方法である．多次元尺度構成法は，表6.2のデータからそれぞれの駅を2次元での配置を求める方法といえる．

表6.2 6つの駅間の距離 (単位：km)

東京駅	上野駅	川口駅	大宮駅	川崎駅	横浜駅
0.0	3.6	15.8	30.3	18.2	28.8
3.6	0.0	12.2	26.7	21.8	32.4
15.8	12.2	0.0	14.5	34.0	36.6
30.3	26.7	14.5	0.0	48.5	59.1
18.2	21.8	34.0	48.5	0.0	10.6
28.8	32.4	36.6	59.1	10.6	0.0

多次元尺度構成法 (MDS) を利用できるようにするために，`sklearn.manifold`からMDSをインポートする．駅間の距離のデータをD2に格納し，距離の2乗の値をMDSには渡す必要があるので，`D22=np.array(D2)**2`で要素を2乗している．

```python
import numpy as np
import matplotlib.pyplot as plt
from sklearn.manifold import MDS

#駅間の距離
D2=[[0.0, 3.6, 15.8, 30.3, 18.2, 28.8],
    [3.6, 0.0, 12.2, 26.7, 21.8, 32.4],
    [15.8, 12.2, 0.0, 14.5, 34.0, 36.6],
    [30.3, 26.7, 14.5, 0.0, 48.5, 59.1],
    [18.2, 21.8, 34.0, 48.5, 0.0, 10.6],
    [28.8, 32.4, 36.6, 59.1, 10.6, 0.0]]

eki_label=["Tokyo","Ueno","Kagaguchi","Ohmiya",
    "Kawasaki","Yokohama"]

#MDSには距離の2乗を用いる.
D22=np.array(D2)**2
print(D22)
D2=D22
```

既に距離の2乗が計算されているので，MDSの引数には

$$\text{dissimilarity='precomputed'}$$

を設定する．dissimilarity は非類似性という意味であるが，2 つの対象間の非類似性は大きくなるほど似ていないということで，対象間の距離も遠くなるという解釈である．その非類似性は，既に計算されているいう意味の precomputed を設定する．

```
20  mds_model = MDS(n_components=2,dissimilarity='precomputed')
21  transformed = mds_model.fit_transform(D2)
22  plt.scatter(transformed[:, 0], transformed[:, 1])
23  for i in range(len(eki_label)):
24    plt.annotate(eki_label[i],(transformed[i,
        ↪  0],transformed[i, 1]))
25  plt.axis('equal');
```

　図 6.7 は，表 6.2 を適用した結果である．大宮から横浜までの 6 駅が，距離関係を保ったままほぼ一直線で並んでいることがわかる．これは確かに京浜東北線の駅の配置に似ている．

問題 6.3.1　6 駅あるいは 6 都市を自分で選んで，それぞれの距離を調べて，多次元尺度構成法を適用し，図 6.7 のような図を作りなさい．

6.3.1　多次元尺度構成法を手書き数字の平均画像へ適用

　sklearn-load_digits の手書きの各数字の平均 d_mean に対して，多次元尺度構成法を適用する．なお，d_mean の各数字は 64 次元のベクトルである．以下の処理では，6.1 節での処理を行い，d_mean を計算しておく必要があることに注意する．また MDS(n_components=2) では，dissimilarity を事前には計算せずに，64 次元

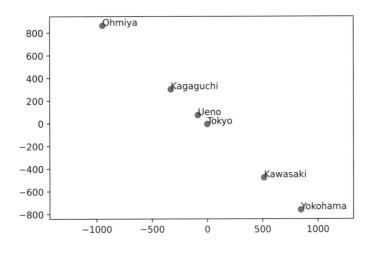

図 **6.7** 6つの駅間距離に MDS を適用

の d_mean 自体を引数として

$$\text{transformed = mds\_model.fit\_transform(d\_mean)}$$

と入力する.

```
26  mds_model = MDS(n_components=2)
27  transformed = mds_model.fit_transform(d_mean)
28  plt.scatter(transformed[:, 0], transformed[:, 1])
29  for i in range(10):
30    plt.annotate(i,(transformed[i, 0],transformed[i, 1]))
31  plt.axis('equal');
```

図 6.8 の上側には, d_mean に MDS を適用した結果を示す. MDS では. 付置の座標を

求める際に乱数を使って初期点を決めているので，実行の度に結果の付置が変わることに注意が必要である．また，6.2.2節と同じように，図 6.8 の上側の付置に対して，クラス数 3 の k-means 法を適用した結果が図 6.8 の下側である．

```python
from sklearn.cluster import KMeans
kmeans = KMeans(n_clusters=3)
kmeans.fit(transformed)
y_kmeans = kmeans.predict(transformed)

plt.scatter(pca_d_mean[:, 0], pca_d_mean[:, 1],
    c=y_kmeans, s=50, cmap='viridis')
centers = kmeans.cluster_centers_
plt.scatter(centers[:, 0], centers[:, 1], c='black',
    s=50, alpha=0.5);
for i in range(10):
    plt.annotate(i,(pca_d_mean[i,0],pca_d_mean[i,1]))
```

　図 6.8 の下側の図から，1,8,2,7 が同一のクラスターに，4 と 6 で二つ目のクラスターに，0,3,5,9 が三つ目のクラスターに分類されたことがわかる．

6.4　階層的クラスタリング

　6.1 節で扱った d_mean に対して，階層的クラスタリングを行う．階層的クラスタリングを行うために，dendrogram，linkage をインポートする．

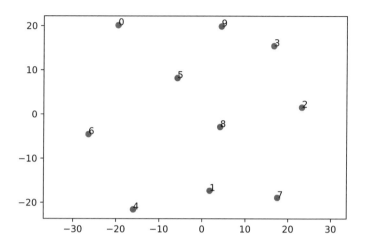

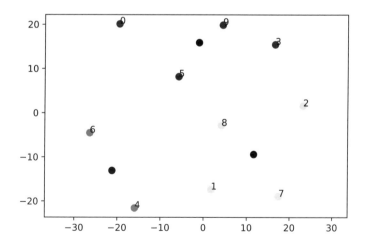

図 **6.8** 手書き数字の平均画像に MDS を適用

```
from scipy.cluster.hierarchy import dendrogram, linkage
```

```
1  import numpy as np
2  import matplotlib.pyplot as plt
3  %matplotlib inline
4  from scipy.cluster.hierarchy import dendrogram, linkage
```

階層的クラスタリングの方法としてよく使われているウォード法を適用した結果が図 6.9 である.

```
1  Z = linkage(d_mean, method='ward', metric="euclidean")
2  dendrogram(Z, labels=range(10))
3  dendrogram(Z)
4  plt.title('Clustering of means of handwritten data')
5  plt.show()
```

ウォード法で指定される距離の小さい順でクラスタが形成されていき，最終的に 1 つのクラスタにまとめられる．その樹形図（デンドログラム）が，図 6.9 であり

```
Z = array([[ 1.   ,  8.   , 20.95034774,  2.   ],...,
           [16.   , 17.   , 51.26221386, 10.   ]])
```

では，樹形図の生成過程がわかるようになっている.

```
1  Z
2  >>
3  array([[ 1.   ,  8.   , 20.95034774,  2.   ],
4         [ 3.   ,  9.   , 21.1032687 ,  2.   ],
```

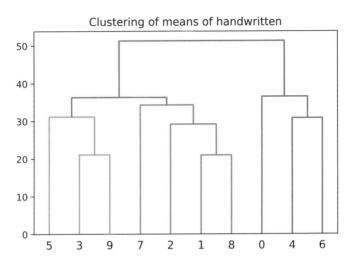

図6.9 ウォード法の適用結果

```
5    [ 2.    , 10.    , 29.14661068,  3.    ],
6    [ 4.    ,  6.    , 30.75665003,  2.    ],
7    [ 5.    , 11.    , 31.13530349,  3.    ],
8    [ 7.    , 12.    , 34.22356176,  4.    ],
9    [14.    , 15.    , 36.27191069,  7.    ],
10   [ 0.    , 13.    , 36.4819967 ,  3.    ],
11   [16.    , 17.    , 51.26221386, 10.    ]])
```

まず，0から9の手書き数字を $C_0 = \{0\}, C_1 = \{1\}, \ldots, C_9 = \{9\}$ の一つずつの
クラスターに割り振る．最初に最も距離が近い1と8が統合されて，$C_{10} = \{1, 8\}$
を形成する．その時の距離が21.0である．再度 $C_1, \ldots, C_7, C_9, C_{10}$ の9個のクラ
スターで距離を計算し C_3 と C_9 が統合されて $C_{11} = \{3, 9\}$ を形成する．第3段階

表 6.3 ウォード法による樹形図の形成過程

統合されるクラスター	距離	統合後クラスターの要素数	統合後クラスターの番号
1, 8	21.0	2	$C_{10} = \{1, 8\}$
3, 9	21.1	2	$C_{11} = \{3, 9\}$
2, 10	29.1	3	$C_{12} = \{2, 1, 8\}$
4, 6	30.8	2	$C_{13} = \{4, 6\}$
5, 11	31.1	3	$C_{14} = \{5, 3, 9\}$
7, 12	34.2	4	$C_{15} = \{7, 2, 1, 8\}$
14, 15	36.2	7	$C_{16} = \{5, 3, 9, 7, 2, 1, 8\}$
0, 13	36.5	3	$C_{17} = \{0, 4, 6\}$
16, 17	51.1	10	$C_{\text{all}} = \{0, \ldots, 9\}$

目:[2. , 10. , 29.14661068, 3.] では，距離 29.1 で C_2 と C_{10} が統合されて $C_{12} = \{2, 1, 8\}$ が形成される．このようにして Z の出力からわかる樹形図の生成過程をすべてまとめたものが表 6.3 である．最後に図 6.9 と Z の距離をみて，いくつのクラスターに分類するかを主観的に決める．たとえば，距離 34.2 と 36.2 の間の 35.0 で分類すると

$$C_{15} = \{7, 2, 1, 8\}, C_{14} = \{5, 3, 9\}, C_{13} = \{4, 6\}, C_0 = \{0\}$$

の 4 つのクラスターに最終的に分類される．表 6.3 においても，しきい値を距離 34.2 と 36.2 の間の二重線で表している．

以下，クラスター間の距離の測り方を簡単にまとめる．

- 最短距離法．単リンク法，最近接法ともいう．2 つのクラスターのそれぞれから 1 点ずつ選び，2 点間の距離をすべての組合せで求める．すべての組合せのなかで最も短い距離を，2 つのクラスター間の距離として採用する．

- 最長距離法あるいは最遠隣法: 2 つのクラスターのそれぞれから 1 点ずつ選び，2 点間の距離をすべての組合せで求める．すべての組合せのなかで最も長い距離を，

2つのクラスター間の距離として採用する.

- 群平均法: 2つのクラスターのそれぞれから1点ずつ選び, 2点間の距離をすべて組合せで求める. すべての組合せで求めた距離の平均を, 2つのクラスター間の距離として採用する.

- ウォード法: 2つのクラスターを統合し, 統合後のクラスター内で重心からの平方和を求める. この統合後のクラスター内平方和から統合前の2つのクラスター内平方和の和を引き算する. この引き算した値をクラスター間の距離として採用する.

最短距離法による手書き数字の分析結果を図 6.10 に示す. linkage の関数において, method='single' を指定する. 樹形図の生成過程 Zs と図 6.10 を見ると, $C_{10} = \{1, 8\}$ と $C_{11} = \{3, 9\}$ 以外のクラスターの生成過程では 2, 5, 7, 4, 0, 6 が一つずつクラスターに追加されるだけであり, 図 6.9 のように小さいクラスターを積み上げていうような生成過程にはなっていない. この場合, 要素数が 1 になるようなクラスターが多くできてしまい, 適切な分類にならない傾向がある. このように 1 つずつ対象が付け加わる現象を鎖効果といい, 鎖効果がおきないような距離の測り方を選択する必要がある. その意味で, 最短距離法は鎖効果が起こりやすく, ウォード法は鎖効果が起こりにくいことが経験的に知られている.

なお, 6.2.2, 6.3.1 節で扱った k-means 法は, 非階層的クラスタリングの方法である.

```
12  #最短距離法によるクラスタリング
13  Zs = linkage(d_mean, method='single', metric="euclidean")
14  dendrogram(Zs, labels=range(10))
15  plt.title('Clustering of means of handwitten data')
16  plt.show()
17
18  Zs
19  >>
```

```
20  array([[ 1.    ,  8.    , 20.95034774,  2.    ],
21       [ 3.    ,  9.    , 21.1032687 ,  2.    ],
22       [10.    , 11.    , 24.63055264,  4.    ],
23       [ 2.    , 12.    , 25.60584778,  5.    ],
24       [ 5.    , 13.    , 25.86726165,  6.    ],
25       [ 7.    , 14.    , 27.36408898,  7.    ],
26       [ 4.    , 15.    , 28.67469994,  8.    ],
27       [ 0.    , 16.    , 29.61737389,  9.    ],
28       [ 6.    , 17.    , 30.75665003, 10.    ]])
```

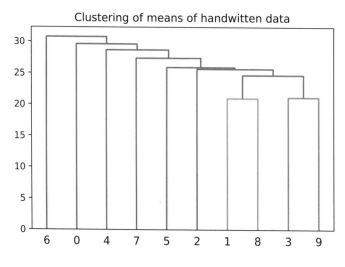

図 6.10　最短距離法の適用結果

付録 A 各章の補足

A.1 3章に関する補足

A.1.1 t 分布の標準正規分布での近似

　自由度 n の t 分布は，$Z \sim N(0,1), V \sim \chi_n^2$ で Z と V が独立であるとき，$Z/\sqrt{V/n}$ の分布である．その密度関数は，

$$f_t(x) = \frac{\Gamma\left(\frac{n+1}{2}\right)}{\sqrt{n}\,\Gamma\left(\frac{1}{2}\right)\Gamma\left(\frac{n}{2}\right)}\left(1 + \frac{x^2}{n}\right)^{-\frac{n+1}{2}}$$

で与えられる．t 分布は対称な分布であり正規分布よりも裾が重く，密度の端でも正規分布よりもゼロになりにくい特性があるが，n が無限大での極限分布は標準正規分布となる．このことはガンマ関数のスターリングの公式から

$$\lim_{n \to \infty} \frac{\Gamma(n+h)}{\Gamma(n)n^h} = 1$$

であることが分かるので，$\lim_{x \to \infty}(1+1/x)^x = e$ を考慮すると

$$\lim_{n \to \infty} f_t(x) = \lim_{n \to \infty} \frac{\Gamma\left(\frac{n+1}{2}\right)}{\Gamma\left(\frac{n}{2}\right)\left(\frac{n}{2}\right)^{\frac{1}{2}}}\frac{\left(\frac{n}{2}\right)^{\frac{1}{2}}}{\sqrt{n}\,\Gamma\left(\frac{1}{2}\right)}\left(1+\frac{x^2}{n}\right)^{\frac{n}{x^2}\cdot\left\{-\frac{x^2}{2}\frac{n+1}{n}\right\}} = \frac{1}{\sqrt{2\pi}}e^{-\frac{x^2}{2}}$$

となる．つまり極限分布が標準正規分布である．

A.1.2 分布の再生成

　尺度パラメータ $b > 0$ が等しく形状パラメータの違うガンマ分布に従う 2 つの確率変数 X と Y があり，X と Y は独立であるとする．

$$X \sim \mathrm{Gam}(a_1, b), \quad Y \sim \mathrm{Gam}(a_2, b) \quad a_1, a_2 > 0$$

このとき $X + Y$ の分布は

$$X + Y \sim \mathrm{Gam}(a_1 + a_2, b)$$

となる．

A.2 4 章に関する補足

A.2.1 図 4.2 の作図プログラム

　図 4.2 を作成したプログラムは以下の通りである．

```
1  #図4.2
2  #正規分布(0,1)で両側95%
3  x1 = np.linspace(-5.0,5.0,1000)
4  y1 = norm.pdf(x = x1)
```

```
5  pt1 = norm.ppf(0.025) #2.5%点

6  pt2 = norm.ppf(0.975) #97.5%点

7  y=0

8  plt.plot(x1, y1, label = "Pdf of N(0, 1)")

9  plt.plot([pt1,pt1],[0,norm.pdf(pt1)], color = "r")

10 plt.plot([pt2,pt2],[0,norm.pdf(pt2)], color = "r")

11 plt.text(0,0.15, r"$1-
   ↪  \alpha$",horizontalalignment="center")

12 plt.text(4,-0.02,
   ↪  r"$\alpha/2$",horizontalalignment="center")

13 plt.text(-4,-0.02,
   ↪  r"$\alpha/2$",horizontalalignment="center")

14 plt.text(pt1,-0.03, r"$-z_{\alpha/2}$",size =
   ↪  "larger",horizontalalignment="center")

15 plt.text(pt2,-0.03, r"$z_{\alpha/2}$",size =
   ↪  "larger",horizontalalignment="center")

16 plt.fill_between(x1, y1, y, where = (x1>pt1) & (x1<pt2),
   ↪  color=(1, 0, 0, 0.4))

17 plt.ylim(-0.05,0.45)

18 plt.legend()

19 plt.show()
```

norm.ppf() は，正規分布のパーセント点を求めるための関数である．

$$pt1=norm.ppf(0.025), pt2=norm.ppf(0.975)$$

で 2.5% と 97.5% のパーセント点を求める．`plt.fill_between` では where = **（範囲）** を指定することでで塗りつぶす範囲が指定できる．塗りつぶす条件が「下側 2.5% 点より上側」かつ「上側 2.5% 点より下側」と2つある．「かつ」は論理積の演算子である「&」の記号を用いて2つの条件を繋げばよい．

A.2.2 図 4.3 の作図プログラム

図 4.3 を作成したプログラムは以下の通りである．

```
x1 = np.linspace(-5.0,5.0,1000)
y1 = t.pdf(x = x1, df = 5)
pt1 = t.ppf(0.025, df = 5)  #2.5%点
pt2 = t.ppf(0.975, df = 5)  #97.5%点
y=0
plt.plot(x1, y1, label = "Pdf of $t_{n-1}$")
plt.text(0,0.15, r"$1-\alpha$",horizontalalignment="center")
plt.text(4,0.02, r"$\alpha/2$",horizontalalignment="center")
plt.text(-4,0.02,
    r"$\alpha/2$",horizontalalignment="center")
plt.text(pt2-0.1,-0.05, r"$t_{\alpha/2}(n-1)$",size = 14)
plt.text(pt1-1.5,-0.05, r"$-t_{\alpha/2}(n-1)$",size = 14)
plt.text(0,-0.05, r"$0$",size = 14)
plt.fill_between(x1, y1, y, where = (x1<pt1), color=(1, 0,
    0, 0.4))
```

```
14  plt.fill_between(x1, y1, y, where = (x1>pt2), color=(1, 0,
    ↪   0, 0.4))
15  ax = plt.gca()
16  ax.axes.xaxis.set_visible(False)
17  ax.axes.yaxis.set_visible(False)
18  plt.legend()
19  plt.show()
20  >>
```

　有意水準5%の両側検定では，棄却域が「下側2.5%点より下側」または「上側2.5%点よ
り上側」という2つになる．これらの棄却域を塗りつぶすためにplt.fill_between
のwhere=(範囲)の範囲指定において，論理和演算子の「|」を用いて2つの条件を
繋ぐ．

A.2.3 図 4.6, 4.7 の作図プログラム

　図4.6を作成したプログラムは以下の通りである．

```
1  x1 = np.linspace(-5.0,5.0,1000)
2  y1 = t.pdf(x = x1, df = 5)
3  pt1 = t.ppf(0.025, df = 5) #2.5%点
4  pt2 = t.ppf(0.975, df = 5) #97.5%点
5  y=0
6  plt.plot(x1, y1, label = "pdf of $T(X)$ under $H_0$")
```

```
7  plt.text(0,0.15, r"$1-\alpha$",horizontalalignment="center")
8  plt.text(4,0.02, r"$\alpha/2$",horizontalalignment="center")
9  plt.text(-4,0.02,
   ↪  r"$\alpha/2$",horizontalalignment="center")
10 plt.text(pt2-0.1,-0.05, r"$\overline{t}_{\alpha/2}$",size =
   ↪  14)
11 plt.text(pt1-0.05,-0.05, r"$\underbar$",size = 14)
12 plt.text(pt1-0.25,-0.05, r"${t}_{\alpha/2}$",size = 14)
13
14 plt.fill_between(x1, y1, y, where = (x1<pt1), color=(1, 0,
   ↪  0, 0.4))
15 plt.fill_between(x1, y1, y, where = (x1>pt2), color=(1, 0,
   ↪  0, 0.4))
16 ax = plt.gca()
17 ax.axes.xaxis.set_visible(False)
18 ax.axes.yaxis.set_visible(False)
19 plt.legend()
20 plt.show()
```

図 4.7-(a) を作成したプログラムは以下の通りである.

```
1  ##図 4.7a（片側 Ver）
2  x1 = np.linspace(-5.0,5.0,1000)
3  y1 = t.pdf(x = x1, df = 5)
4  pt = t.ppf(0.95, df = 5) #95%点
5
```

```
 6  plt.plot(x1, y1, label = "pdf of $T(X)$ under $H_0$")
 7  plt.text(0,0.15, r"$1-
    ↪   \alpha$",horizontalalignment="center")
 8  plt.text(3.5,0.02, r"$\alpha$",horizontalalignment="center")
 9  plt.text(pt,-0.05, r"$t_{\alpha}$",size = 14)
10  plt.fill_between(x1, y1, y, where = (x1>pt), color=(1, 0, 0,
    ↪   0.4))
11
12  ax = plt.gca()
13  ax.axes.xaxis.set_visible(False)
14  ax.axes.yaxis.set_visible(False)
15
16  plt.legend()
17  plt.show()
```

　図 4.7-(b) を作成するためには，上の pt = t.ppf(0.95, df = 5) を（下側からの）5% 点にとり，pt = t.ppf(0.05, df = 5) とする．さらに，10 行目の plt.fill_between の塗りつぶし領域を下側に対応するように where = (x1<pt) に変更すればよい．

A.2.4　図 4.8 の作図プログラム

　図 4.8 の上図を作成したプログラムは以下の通りである．

```
1  h1_loc=1
2  x1 = np.linspace(-5.0,7.0,1000)
3  y1 = norm.pdf(x = x1)
4  pt1 = norm.ppf(0.975) #2.5%点
5  x2 = np.linspace(-5.0,7.0,1000)
6  y2 = norm.pdf(x = x1, loc = h1_loc)
7  pt2 = norm.ppf(0.025, loc = h1_loc)
8  y = 0
9  plt.plot(x1, y1, label = "Pdf under $H_0$")
10 plt.plot(x2, y2, label = "Pdf under $H_1$")
11 plt.fill_between(x1, y1, y, where = (x1>pt1), color=(1, 0,
   ↪   0, 0.3))
12 plt.fill_between(x2, y2, y, where = (x1<pt1), color=(0, 0,
   ↪   1, 0.3))
13 plt.text(2.3,-0.02, r"$\alpha$",
   ↪   horizontalalignment="center")
14 plt.text(1,0.03, r"$\beta$", size = "large",
   ↪   horizontalalignment="center")
15 plt.ylim(-0.05,0.45)
16 plt.legend()
17 plt.show()
```

　図4.8の下図は，上のプログラムの1行目で定義されている正規分布の平均h1_loc=1
をh1_loc=3.5に変更して実行したものである．

A.3　5章に関する補足

A.3.1　スカラー関数のベクトル微分

m 次元ベクトル $\boldsymbol{x} = (x_1, \ldots, x_m)^\top$ の関数 $f(\boldsymbol{x})$ を考える．ただし，$f(\boldsymbol{x})$ は実数 $\mathbb{R}$ に値をとるスカラー関数とする．関数 $f(\boldsymbol{x})$ を $\boldsymbol{x}$ の各成分 x_i で偏微分した結果を並べたベクトルを

$$\frac{\partial f}{\partial \boldsymbol{x}} = \left(\frac{\partial f}{\partial x_1}, \frac{\partial f}{\partial x_2}, \ldots, \frac{\partial f}{\partial x_m} \right)^\top \tag{A.1}$$

とする．$\boldsymbol{a}$ を定数ベクトルとして $f(\boldsymbol{x}) = \boldsymbol{a}^\top \boldsymbol{x} = \boldsymbol{x}^\top \boldsymbol{a}$ とするとき，$\frac{\partial f(\boldsymbol{x})}{\partial \boldsymbol{x}}$ は

$$\frac{\partial \boldsymbol{x}^\top \boldsymbol{a}}{\partial \boldsymbol{x}} = \begin{pmatrix} \frac{\partial}{\partial x_1} \sum x_i a_i \\ \frac{\partial}{\partial x_2} \sum x_i a_i \\ \vdots \\ \frac{\partial}{\partial x_m} \sum x_i a_i \end{pmatrix} = \begin{pmatrix} a_1 \\ a_2 \\ \vdots \\ a_m \end{pmatrix} = \boldsymbol{a} \tag{A.2}$$

となる．また，A を定数の m 次（実）対称行列としたとき，二次形式

$$f(\boldsymbol{x}) = \boldsymbol{x}^\top A \boldsymbol{x}$$

の $\boldsymbol{x}$ による微分は次のようになる．

$$\frac{\partial \boldsymbol{x}^\top A \boldsymbol{x}}{\partial \boldsymbol{x}} = \begin{pmatrix} \frac{\partial}{\partial x_1} \sum \sum a_{ij} x_i x_j \\ \frac{\partial}{\partial x_2} \sum \sum a_{ij} x_i x_j \\ \vdots \\ \frac{\partial}{\partial x_m} \sum \sum a_{ij} x_i x_j \end{pmatrix} = \begin{pmatrix} 2 \sum a_{1j} x_j \\ 2 \sum a_{2j} x_j \\ \vdots \\ 2 \sum a_{mj} x_j \end{pmatrix} = 2 A \boldsymbol{x} \tag{A.3}$$

A.3.2 重回帰分析での最小二乗法

重回帰分析 5.3 節の (5.13), (5.14), (5.15) の表記から

$$\boldsymbol{y} = X\boldsymbol{\beta} + \boldsymbol{\varepsilon}$$

において, $f(\boldsymbol{\beta}) = \|\boldsymbol{y} - X\boldsymbol{\beta}\|^2$ とおく. この $f(\boldsymbol{\beta})$ は, ベクトルのノルムの 2 乗であって, その様な長さの 2 乗を最小にして $\boldsymbol{\beta}$ を求める方法を最小二乗法という. また, 最小二乗法で求められた解を最小二乗解という. 回帰分析の場合では, 最小二乗解は $\boldsymbol{\beta}$ の推定量であるので, 最小二乗推定量ともいう. 最小二乗推定量は次のように求めることができる. $f(\boldsymbol{\beta})$ は

$$
\begin{aligned}
f(\boldsymbol{\beta}) &= \|\boldsymbol{y} - X\boldsymbol{\beta}\|^2 \\
&= (\boldsymbol{y} - X\boldsymbol{\beta})^\top (\boldsymbol{y} - X\boldsymbol{\beta}) \\
&= \boldsymbol{y}^\top \boldsymbol{y} - \boldsymbol{\beta}^\top X^\top \boldsymbol{y} - \boldsymbol{y}^\top X\boldsymbol{\beta} + \boldsymbol{\beta}^\top X^\top X\boldsymbol{\beta} \\
&= \boldsymbol{y}^\top \boldsymbol{y} - 2\boldsymbol{\beta}^\top X^\top \boldsymbol{y} + \boldsymbol{\beta}^\top X^\top X\boldsymbol{\beta} \tag{A.4}
\end{aligned}
$$

と展開できる. ここで $^\top X^\top X$ が対称行列であることに注意してベクトル β で微分してゼロベクトルとおくことにより, $\boldsymbol{\beta}$ の最小二乗推定量を求めるには

$$\frac{\partial f(\boldsymbol{\beta})}{\partial \beta} = 2X^\top X\boldsymbol{\beta} - 2X^\top \boldsymbol{y} = \boldsymbol{0}$$

を解けばよい. つまり正規方程式:

$$X^\top X\boldsymbol{\beta} = X^\top \boldsymbol{y}$$

において, $X^\top X$ が正則ならば $(X^\top X)^{-1}$ が存在するので

$$\boldsymbol{\beta} = (X^\top X)^{-1} X^\top \boldsymbol{y}$$

となる (5.16) を得る.

単回帰分析では，$m = 1$ として，$\boldsymbol{y}$，X，$\boldsymbol{\beta}$，$\boldsymbol{\varepsilon}$ はそれぞれ

$$\boldsymbol{y} = \begin{pmatrix} y_1 \\ y_2 \\ \vdots \\ y_n \end{pmatrix}, \ X = \begin{pmatrix} 1 & x_1 - \bar{x} \\ 1 & x_2 - \bar{x} \\ \vdots & \vdots \\ 1 & x_n - \bar{x} \end{pmatrix}, \ \boldsymbol{\beta} = \begin{pmatrix} \beta_0 \\ \beta_1 \end{pmatrix}, \ \boldsymbol{\varepsilon} = \begin{pmatrix} \varepsilon_1 \\ \varepsilon_2 \\ \vdots \\ \varepsilon_n \end{pmatrix} \tag{A.5}$$

となる．行列 $X^\top X$ およびその逆行列は

$$X^\top X = \begin{pmatrix} n & n\bar{x} \\ n\bar{x} & n\sum_{i=1}^n x_i^2 \end{pmatrix}$$

$$(X^\top X)^{-1} = \frac{1}{n\sum_{i=1}^n x_i^2 - n^2\left(\bar{x}\right)^2} \begin{pmatrix} \sum_{i=1}^n x_i^2 & -n\bar{x} \\ -n\bar{x} & n \end{pmatrix}$$

となるので，最小二乗推定量 $\widehat{\boldsymbol{\beta}}$ は

$$\widehat{\boldsymbol{\beta}} = (X^\top X)^{-1} X^\top \boldsymbol{y}$$

$$= \frac{1}{n\sum_{i=1}^n x_i^2 - n^2\left(\bar{x}\right)^2} \begin{pmatrix} \sum_{i=1}^n x_i^2 & -n\bar{x} \\ -n\bar{x} & n \end{pmatrix} \begin{pmatrix} 1, \ldots, 1 \\ x_1, \ldots, x_n \end{pmatrix} \begin{pmatrix} y_1 \\ \vdots \\ y_n \end{pmatrix}$$

$$= \frac{1}{n\sum_{i=1}^n x_i^2 - n^2\left(\bar{x}\right)^2} \begin{pmatrix} \sum_{i=1}^n x_i^2 & -n\bar{x} \\ -n\bar{x} & n \end{pmatrix} \begin{pmatrix} n\bar{y} \\ \sum_{i=1}^n x_i y_i \end{pmatrix}$$

$$= \frac{1}{n\sum_{i=1}^n x_i^2 - n^2\left(\bar{x}\right)^2} \begin{pmatrix} n\bar{y}\sum_{i=1} x_i^2 - n\bar{x}\sum_{i=1}^n x_i y_i \\ n\sum_{i=1}^n x_i y_i - n^2\bar{x}\,\bar{y} \end{pmatrix} \tag{A.6}$$

ここで

$$(n-1)s_{x,x} = \sum_{i=1}^n x_i^2 - n(\bar{x})^2$$

$$(n-1)s_{x,y} = \sum_{i=1} x_i y_i - n\bar{x}\,\bar{y}$$

となるので, これらを (A.6) に代入すると, (5.4), (5.5) と同じ

$$\widehat{\boldsymbol{\beta}} = \frac{1}{n(n-1)s_{x,x}} \begin{pmatrix} n(n-1)\overline{y}s_{x,x} - n(n-1)\overline{x}s_{x,y} \\ n(n-1)s_{x,y} \end{pmatrix}$$

$$= \begin{pmatrix} \overline{y} - \dfrac{s_{x,y}}{s_{x,x}}\,\overline{x} \\ \dfrac{s_{x,y}}{s_{x,x}} \end{pmatrix}$$

を得る.

参考文献

[1] 稲垣宣生, 数理統計学（改訂版）, 裳華房, 2003 年.
   （主に第 1 章から第 4 章までを参考にした.）

[2] 日本統計学会編, 日本統計学会公式認定統計検定準 1 級対応 統計学実践ワークブック, 学術
   図書出版社, 2020 年
   （主に第 2 章から第 6 章, 第 10, 11 章, 第 22, 24, 26, 30 章を参考にした.）

[3] 株式会社システム計画研究所編, Python による機械学習入門, オーム社, 2016 年
   （主に第 3 章と第 5 章を参考にした.）

索　引

●あ●

1 標本問題	151
一様分布	77
一様乱数	77
F 分布	101

●か●

回帰係数	177
回帰直線	177
回帰変動 (回帰平方和)	186
カイ 2 乗分布	92
確率関数	58
確率変数	57
仮説検定	144
ガンマ関数	92
ガンマ分布	105
幾何分布	87
棄却域	146
棄却限界点	146
記述統計	25
期待値	58
基本統計量	28
寄与率	218, 219
区間推定	119
決定係数	186
検出力	160
検定統計量	144

●さ●

残差	178
残差平方和 (残差変動)	178
残差変動	186
辞書	27
指数分布	111
重回帰モデル	197
自由度調整済み決定係数	198
主成分得点	220
主成分分析	213
推測統計	25
推定量	118
スライシング	6
スライス	6
正規分布	66
正規乱数	72
尖度	60
全変動 (全平方和)	186

●た●

第 1 種の過誤	160
第 2 種の過誤	160
多次元尺度構成法	226
タプル	5
中心極限定理	78
t 分布	96
(分布の) 適合度検定	165

点推定	118
統計的推測	115
統計量	117

●な●

内包的表現	20
二項分布	62
2 標本問題	156

●は●

配列	23
箱ひげ図	34
p 値	146
ヒストグラム	34
標準化	70
標準正規分布	72
標本	25, 115
ビン数	35
分割表	171
分布関数	58
ベータ関数	102
ベータ分布	113
ベルヌーイ分布	61
偏回帰係数	197
ポアソン分布	85
母集団	25, 115
母比率の検定	147
母平均の検定	151

●ま●

密度関数 58
モーメント 59
文字列 4

●ら●

離散型確率変数 57
リスト 5
連続型確率変数 57

●わ●

歪度 60

●A●

AIC 200
append 8

●B●

bernoulli 61
BIC 200
binom 62
bins 35

●C●

chi2 94
chi2_contingency 172
chisquare 167

●D●

DataFrame 26
describe() 33

●F●

f 102
for文 8

●G●

gamma 106

●H●

hist() 35, 72

●I●

i.i.d 80

●K●

KMeans 224

●L●

len 5
linregress 178
list 13
load_digits 205
loc 31

●M●

MDS 227
mean() 23
median() 30

●N●

nbinom 89
norm 67
numpy 21

●O●

OLS 200

●P●

pandas 26, 33
PCA() 217
pearsonr 175
poisson 86

●R●

range 9
read_csv 45
replace 5
return 16
round() 18

●S●

Series 26
sklearn 205

●T●

to_list() 51
ttest_1samp 154
ttest_ind 158

●U●

uniform 77

●V●

var() 23

●Z●

zip 8

〈著者紹介〉

橋口　博樹（はしぐちひろき）

宮崎県出身
九州大学理学部数学科卒業, 1991年.
九州大学大学院総合理工学研究科修士課程修了, 1993年.
博士 (工学) 東京理科大学 1999年.
現在 東京理科大学 理学部 応用数学科 教授

(主な職歴) 日立製作所システム開発研究所, 東京理科大学工学部経営工学科助手, 新情報処理開発機構 (RWCP) 主任研究員, 目白大学経営学部講師, 埼玉大学大学院理工学研究科准教授を経て, 2013年4月より東京理科大学理学部数理情報科学科 (現: 応用数学科) 准教授, 2017年4月より現職.

専門は数理統計学, 特に多変量解析における固有値の分布論と応用に興味がある.
主な著書 (分担執筆) に, 「統計データ科学辞典 (新装版) (ゾーナル多項式), 朝倉書店, 2021年」, 「統計検定準1級対応 統計学実践ワークブック (23章: 主成分分析, 30章: モンテカルロ法), 学術図書出版社, 2020年」「統計科学百科事典 (翻訳) (ガンマー分布, F分布, 相関係数, 固有値, 固有ベクトルと固有空間, 一般化双曲線分布, 双曲線正割分布と一般化), 丸善, 2018年」がある.

パイソン　　まな　とうけいがくにゅうもん
Pythonで学ぶ統計学入門

2023年11月25日　第1版第1刷発行

© Hiroki Hashiguchi, 2023
Printed in Japan

著　者　橋　口　　博　樹

発行所　東京図書株式会社

〒102-0072　東京都千代田区飯田橋 3-11-19
振替 00140-4-13803 電話 03(3288)9461
URL http://www.tokyo-tosho.co.jp

ISBN 978-4-489-02415-3

●東京図書の日本統計学会公式認定シリーズ

増訂版 日本統計学会公式認定
統計検定 1 級 対応　統計学

日本統計学会 編　A5 判　定価 3520 円　ISBN 978-4-489-02401-6

改訂版 日本統計学会公式認定
統計検定 2 級 対応　統計学基礎

日本統計学会 編　A5 判　定価 2420 円　ISBN 978-4-489-02227-2

改訂版 日本統計学会公式認定
統計検定 3 級 対応　データの分析

日本統計学会 編　A5 判　定価 2420 円　ISBN 978-4-489-02332-3

改訂版 日本統計学会公式認定
統計検定 4 級 対応　データの活用

日本統計学会 編　A5 判　定価 2200 円　ISBN 978-4-489-02325-5

日本統計学会公式認定
統計検定 統計調査士 対応　経済統計の実際

日本統計学会 編　A5 判　定価 3080 円　ISBN 978-4-489-02382-8

日本統計学会公式認定
統計検定 専門統計調査士 対応 調査の実施
とデータの分析

日本統計学会 編　A5 判　定価 3080 円　ISBN 978-4-489-02383-5

東京図書

●東京図書の統計学関連書

◎統計学の基礎理論，基本思想や哲学の集大成

松原望　統計学

松原望 著　A5判　定価 2640 円　ISBN978-4-489-02160-2

◎最初から、キチンと統計を学びたい人へ。重要な事項の証明などの数学的展開も

統計学入門

蓑谷千凰彦 著　A5判　定価 4180 円　ISBN978-4-489-00698-2

◎統計が大の苦手なさじょーさんが、あたる先生に質問！ 統計の基礎を身につける

統計学わかりません！！

五十嵐中・佐條麻里 著　A5判　定価 1980 円　ISBN978-4-489-02339-2

◎統計の基礎を手を動かして解いて身につける

書き込み式 統計学入門

～スキマ時間で統計エクササイズ

須藤昭義・中西寛子 著　A5判　定価 2200 円　ISBN978-4-489-02315-6

◎複雑な計算はエクセルにおまかせでラクラク。ナットクできるキホンの教科書

数学をつかう 意味がわかる 統計学のキホン

石村友二郎 著、石村貞夫 監　A5判　定価 2200 円　ISBN978-4-489-02359-0

◎統計学をわかりたい、すぐ使いたい人のための入門書

入門はじめての統計解析

石村貞夫 著　A5判　定価 2640 円　ISBN978-4-489-00746-0

◎多変量解析とはこういうことだったのか

入門はじめての多変量解析

石村貞夫・石村光資郎 著　A5判　定価 2640 円 ISBN978-4-489-02000-1

東京図書